Jorge Alfredo González Pérez
Cesaltina Carla Da Silva Mussinda

Comportamiento agro productivo del fríjol con fertilizantes orgánicos

Jorge Alfredo González Pérez
Cesaltina Carla Da Silva Mussinda

Comportamiento agro productivo del fríjol con fertilizantes orgánicos

Comportamiento agro productivo del fríjol (Phaseolus vulgaris L.) con fertilizantes orgánicos en el barrio de Caxila 3

Editorial Académica Española

Publisher:
Editorial Académica Española
is a trademark of
Dodo Books Indian Ocean Ltd. and OmniScriptum S.R.L publishing group

120 High Road, East Finchley, London, N2 9ED, United Kingdom
Str. Armeneasca 28/1, office 1, Chisinau MD-2012, Republic of Moldova, Europe
Printed at: see last page
ISBN: 978-620-0-00961-6

AGRADECIMIENTO

- ✓ En primer lugar agradezco a Dios Todopoderoso por protegerme a lo largo de este gran viaje académico, luego agradezco profundamente a mis familiares, amigos, colegas y a todos los que directa o indirectamente hicieron que este gran viaje llegara a su fin.
- ✓ No olvidaré agradecer al colectivo de profesores que hicieron mucho para permitirme alcanzar este gran mérito. Estos agradecimientos se extienden desde el primer año hasta el último año, especialmente al profesor de maestría. Jorge Alfredo González Pérez, quien es el gran responsable de realizar este trabajo, muchas gracias a todos, Dios los bendiga rica y poderosamente.

A todo mi más profundo agradecimiento.

DEDICACIÓN

- ✓ Dedico este trabajo a las personas muy importantes en mi vida, que son mi madre, señora Deolinda Carlota Melgaço da Silva quien es responsable de mi existencia sobre la faz de la tierra;
- ✓ El recuerdo de mi padre;
- ✓ A mis hijos por ser la razón por la que enfrento cada batalla;
- ✓ A mis hermanos que siempre me acompañaron en cada momento;
- ✓ a ellos y por ellos les doy este pequeño regalo, porque sé que merecen mucho más.

RESUMEN

Con el propósito de evaluar el efecto de diferentes dosis de fertilizante orgánico sobre indicadores agroproductivos en cultivos de frijol (*Phaseolus vulgarisL*) como planta indicadora en una mina de la localidad de Caxilla III, municipio de Cuanhama, Provincia de Ondjiva, este experimento se realizó en los meses comprendidos entre febrero y junio del 2023. El experimento se realizó en condiciones de campo abierto donde se realizó un diseño experimental. de bloques al azar en un esquema factorial de cuatro tratamientos cada uno con tres repeticiones. Los tratamientos utilizados fueron abono orgánico procedente de estiércol bovino (5,0; 10,0 y 30,0 kg.m^2), y un testimonio sin solicitud. Las variables evaluadas fueron: altura de la planta (cm), diámetro del tallo (mm), número de hojas, número de vainas por planta, longitud de vainas, peso de 100 cementos y rendimiento por parcela. Los datos obtenidos fueron sometidos a análisis de varianza mediante el programa estadístico Statgraphics 5.1. Para la valoración económica se calcularon los siguientes índices económicos: costo de producción (Akz), valor de producción (Akz) y ganancia. SegundoEl mejor tratamiento (T3) se obtuvo cuando se aplicó fertilizante orgánico de estiércol bovino a 30.0 kg. m^2, por lo que influyó envariable en altura de la planta, diámetro del tallo, longitudde las vainasy masa de cien granos. Económicamente el tratamientocuando se aplicó fertilizante orgánico de estiércol de ganado a 30,0kg. m^2 (T3) fue el mejor resultado de ganancia del experimento.

Palabras clave: Fertilizanteción, tratamiento, arado, orgánico.

ÍNDICE DE TABLA

LISTA DE ABREVIATURAS Y SÍMBOLOS

Abreviatura	Significado
EMBRAPA	Empresa Brasileña de Investigación Agrícola
C/N	Relación carbono-nitrógeno
(CTC)	Capacidad de intercambio catiónico
NPK	Nitrógeno – Fósforo – Potasio
PAA	Proyecto alimentario en Angola
(SS)	superfosfato simple
g/m^2	gramo por metro
PIB	Producto interno bruto
EII	Instituto Biodinámico
msnm	metros sobre el nivel del mar
dds	Días después de la siembra.

ÍNDICE

I. INTRODUCCIÓN

La agricultura y sus producciones representan la base del sustento de la mayoría de las poblaciones del mundo, sus avances científicos y procesos tecnológicos dependen del aumento de la calidad de vida en el planeta; satisfacer las necesidades alimentarias de una población que crece a un ritmo vertiginoso y los retos esenciales del siglo XXI, en el futuro estas necesidades tendrán que garantizarse fundamentalmente mediante el aumento de la producción de cultivos, especialmente aquellos que constituyen la base alimentaria de cada país. región (Altieri, 1999 citado por Namwenyo, 2017 y citado por Pequenino, 2018).

El frijol constituye una gran fuente de proteína de origen vegetal con amplia demanda mundial, como lo reflejan datos de la FAO (2011), al evaluar los altos niveles de comercialización y consumo. La seguridad alimentaria de este importante componente de la dieta ha sido una preocupación para el estado, el panorama de los sistemas de producción de este cultivo ha venido experimentando una constante inestabilidad, impactado por varios motivos, durante el periodo del 2008 al 2010 las áreas dedicadas fueron: 76,740 a 112.201 ha, y sin embargo la producción osciló entre 70.600 y 132.900 toneladas, para un rendimiento de 0,91 a 1,18 t.ha-1 , estos resultados han sido insuficientes para garantizar el consumo de la población, viéndose obligada a realizar importaciones constantes en el mercado versátil, y que, con sus fluctuaciones de precios, constituye un depósito de las finanzas del Estado. Suárez; Mamani; Joaquín (2018) y citado por Pequenino (2018).

El frijol (*Phaseolus vulgaris* L) pertenece a la gran familia de las leguminosas y su origen se remonta aproximadamente a 7.000 años. Según la clasificación de centros de origen de plantas cultivables, descrita por Binder (2007), esta especie se ubica en los genocentros VII. y VIII, los que cubren las regiones de Centro y Suramérica de México (incluidas las Antillas), Sudamérica (Perú, Ecuador y Bolivia).

Actualmente existen en el mundo 180 especies del género Phaseolus, de las cuales aproximadamente 126 provienen del continente americano, 54 del sur de Asia y este de África, 2 de Australia y solo una de Europa (Box, 2011). Los frijoles son un cultivo muy conocido que se cultiva en gran parte del mundo y se utilizan ampliamente como alimento humano y animal, debido a sus cualidades nutricionales.

Existen varias especies y variedades de este cultivo, todas pertenecientes al género Phaseolus. Toda la evidencia científica sugiere que son plantas de origen americano, pues allí se cultivan desde la época precolonial (FAO, 2015).

El frijol tiene un alto potencial productivo y responde bien al uso de la tecnología. Su cultivo es generalmente mecanizado, beneficiándose enormemente de las técnicas modernas de siembra y cosecha (Box (2011). La producción anual de granos de frijol es de aproximadamente 3,6 millones de toneladas, aproximadamente el 64 % de esta producción proviene de África Occidental y Central (Baudoin *et al.,* 2021).

El cultivo de frijoles es uno de los alimentos básicos de la dieta angoleña. No sólo como fuente de proteínas vegetales, sino también como fuente de hierro, fibra, ácido fólico, tiamina, potasio, magnesio y zinc. Estos compuestos son de vital importancia en la prevención y tratamiento de enfermedades cardiovasculares, diabetes, obesidad y cáncer de colon, entre las más comunes.

El consumo de alimentos con alto contenido en hierro reduce la anemia en los niños. En el caso de Angola la producción anual es de 3.311.988 toneladas con una superficie de 934.947 ha y en la región de Cunene es de 334 toneladas con una superficie de 4.712 ha (MINADER, 2015). En Angola se trabaja desde 2012 en un proyecto financiado por el Programa de las Naciones Unidas para el Desarrollo (PNUD) y realizado conjuntamente con el Instituto de Investigaciones Agrícolas de Angola, que mejora las condiciones de vida de seiscientas familias campesinas mediante el cultivo de frijoles.

Para ello, según la FAO (2013), se fortalecieron con cinco cooperativas ubicadas en las provincias de Huambo y Bié, donde crearon escuelas de campo que les permitieron monitorear la siembra de 64 hectáreas, logrando mejorar las prácticas agrícolas de los campesinos. Es un cultivo de alta producción y rusticidad, lo que permite cultivarlo en varias épocas del año.

Los estudios realizados se refieren a la adaptabilidad del frijol a las condiciones edáficas y climáticas Sandoval (2014) dice que los cultivares tienen características genéticas, fisiológicas y morfológicas intrínsecas y por lo tanto responden de manera diferente a las condiciones edafoclimáticas locales, destacando la importancia de estudiar antes el comportamiento productivo de los cultivares. recomendando el cultivo.

Los efectos de la interacción genotipo-ambiente pueden ser resultado de diferentes factores, tales como: las condiciones ambientales, la fertilidad del suelo, el conocimiento tecnológico de los productores y el sistema de manejo adoptado. Estos factores, solos o juntos, pueden cambiar el comportamiento de un genotipo en una región (Ndanyengwondunge, 2014).

La expresión fenotípica en plantas de diferentes variedades de frijol depende de su contenido genético y de la interacción ambiental. Mientras que, para una misma variedad, el mayor beneficio agrícola puede variar según las condiciones de cultivo. Es necesario ajustar los programas para cada variedad a las condiciones presentes en las zonas agrícolas. Cualquier valor que no haya sido probado no es confiable.

El estudio de la influencia del suelo y el clima en el crecimiento y desarrollo fenológico de plantas de diferentes variedades de cultivos es fundamental para evaluar estos resultados. Con el paso de los años, el cultivo del frijol no ha alcanzado un nivel de producción aceptable en Angola y mucho menos en la provincia de Cunene donde las condiciones climáticas y edafológicas juegan un papel determinante en el buen desarrollo fisiológico de este cultivo.

La seguridad alimentaria de este importante componente de la dieta de los angoleños y en particular de los Cunenesses, ha sido una preocupación del Estado, el panorama de los sistemas de producción de este cultivo ha estado en constante inestabilidad. Conociendo la importancia del cultivo para la alimentación y que en la provincia de Cunene es cultivado por agricultores, ya que las condiciones climáticas no son muy favorables para su desarrollo, teniendo en cuenta las precipitaciones medias anuales que varían entre los 600 mm en los meses de noviembre. a abril, predominando temperaturas altas de 30 a 35 °C (Estación Meteorológica de Cunene 2023).

Uno de los problemas de producción es que no existe el conocimiento necesario del comportamiento de los cultivares mejorados para su establecimiento, ni de la cantidad de semilla requerida por estas variedades para satisfacer las necesidades de los productores locales para la implementación del cultivo de frijol en la localidad.

Otro problema que persiste hasta el momento es el uso o extensión de buenas prácticas de asignación orgánica aplicadas a los diferentes cultivos que es necesario cultivar en esta zona de Angola.

Teniendo en cuenta las diversas cuestiones planteadas anteriormente, se define el siguiente problema científico para esta investigación.

Problema: ¿Cuál será el comportamiento morfoagronómico de diferentes fuentes de fertilizante orgánico aplicado a cultivos de frijol sembrados en un huerto familiar del barrio Caxilla III?

En base a esto se puede conceder la siguiente hipótesis:

Hipótesis:si se evaluaran diferentes fuentes de fertilizante orgánico en el cultivo de frijol (*Phaseolus vulgaris* L), entonces se podría conocer el efecto sobre los indicadores agroproductivos de la planta en un huerto familiar del barrio Caxilla III.

Exponiendo los siguientes objetivos generales y específicos de nuestra investigación como son:

Objetivo general: evaluar el efecto agroproductivo de diferentes fuentes de fertilizante orgánico aplicado al cultivo de frijol (*Phaseolus vulgaris* L) como planta indicadora sembrada en un huerto familiar del barrio Caxila III.

Objetivos específicos

- Determinar la respuesta sobre indicadores morfofisiológicos provocados por los fertilizantes del cultivo de frijol (*Phaseolus vulgaris* L.) como planta indicadora.
- Realizar una valorización económica de los fertilizantes aplicados al cultivo de frijol (*Phaseolus vulgaris* L.) como planta indicadora.

II. RESEÑA BIBLIOGRAFICA

2.1. Importancia de las legumbres

Las leguminosas son de gran importancia económica ya que producen altos rendimientos y una gran proporción de reservas nutricionales, cuya aplicación a la alimentación humana o de animales domésticos ha ocupado y sigue ocupando un lugar en la práctica agrícola (Exania y Zoraida, 2006).

Aunque la utilidad primitiva de las leguminosas de grano radica en sus semillas, estas plantas también tienen múltiples usos en la agricultura, por ejemplo, como abono verde, forraje y ensilaje (Sandoval 2014). Abono verde, son todas aquellas leguminosas que se utilizan para mejorar el suelo; su uso aumenta la fertilidad del suelo, preservándolo contra la erosión y conservando la humedad durante el período seco y controlando las malezas.

Los residuos de leguminosas como fuente de nitrógeno para el siguiente cultivo son mucho más importantes que los residuos de cereales. Los residuos de leguminosas en general son buenos fertilizantes por su mayor contenido de nitrógeno, este nitrógeno es asimilado más rápidamente por otras plantas y tiene una relación C:N menor a 30:1, por lo tanto tiende a liberar nitrógeno y descomponerlo rápidamente (Sandoval. , 2014).

Las principales ventajas del uso de cultivos de cobertura de leguminosas en los cultivos son el manejo de malezas, el mantenimiento de una capa húmeda en el suelo, el aumento del contenido de materia orgánica, la fijación de nitrógeno y la protección del suelo para prevenir la erosión (Arias et al. al., 2009).

2.1.1. Origen e importancia de los frijoles

El cultivo de frijol (*Phaseolus vulgaris* L.) se extendió a casi la mayoría de las poblaciones prehispánicas y constituyó uno de los principales alimentos, junto con el maíz, la papa y la yuca (Escoto, 2014).

Es una planta, originaria de Centroamérica y sur de México. Cultivada en la antigüedad, todavía es posible encontrar América del Sur de forma espontánea. Fue llevado a Europa, poco después del descubrimiento de América y posteriormente, el cultivo adquirió importancia creciente según su capacidad de adaptación, extendiéndose por ambos hemisferios en las zonas tropicales, subtropicales y templadas (Tapia, 2014).

El frijol es uno de los cultivos más antiguos porque las investigaciones arqueológicas indican que se conocían hace al menos 5000 años. Se considera que la trilogía de plantas americanas, maíz, frijol y calabaza no existía cuando el frijol estaba en proceso de domesticación (Mora, 2013).

Fue recién a finales del siglo pasado y principios del presente que se aceptó el origen americano del frijol, ya que anteriormente se sugería el continente asiático como centro de origen. Las investigaciones arqueológicas permitieron localizar restos en varios sitios de Perú, México y Estados Unidos, así como en Chile, Ecuador, Argentina y Centroamérica. En Perú se encontraron restos que datan de 8.000 años en las cuevas de Guitarrero (Tapia, 2014).

En México en el Valle de Tehuacán, hace 7000 años. En la región suroeste de Estados Unidos se encontraron restos en la cueva de Tularosa que datan de hace 2.300 años. Estos restos consisten en semillas, fragmentos de vainas y partes de plantas recolectadas en áreas sequías tanto en Mesoamérica como en los Andes (Pacheco, 2011).

Se reporta que el frijol es una de las primeras plantas domesticadas en América, cuya presencia se remonta a hace 6.000 a 8.000 años, tanto en Mesoamérica como en los Andes Centrales. Su cultivo se extendió a casi la mayoría de las poblaciones prehispánicas y constituyó uno de los principales alimentos, junto con el maíz, la papa y la yuca (Escoto, 2014).

Menos de 60 años después del descubrimiento de América en 1492, los frijoles se cultivaban ampliamente en Europa occidental. Desde allí se extendió al resto de Europa, Irán, India, Medio Oriente y otros lugares de Asia y ÁfricaTapia (2014). Ocupó otras zonas del mundo como EE.UU., Europa y África tropical y posteriormente el norte de África y Asia, tras lo cual su cultivo fue adquiriendo cada vez más importancia, extendiéndose por ambos hemisferios en zonas tropicales, subtropicales y templadas, debido a la adaptación de la gran cantidad de variedades y tipos. Es sin duda la especie más importante del género Phaseolus (CIAT, 2010).

Cerca de 20 especies de leguminosas de grano se utilizan como alimento en cantidades apreciables. En los países africanos, asiáticos y latinoamericanos, las legumbres de grano se utilizan como fuente de proteínas, "carne de pobre", ya que contienen entre un 18 y un 30 % de proteínas. Esta es la leguminosa más importante en la dieta de los países de Centro y Sudamérica y de los situados en África Central y Oriental. América Latina es la mayor zona de producción y consumo del mundo, y se estima que un 30 % se origina en ella (Box, 2011).

En el mundo el frijol tiene una gran demanda poblacional, países como Brasil, India y Estados Unidos de América se destacan por ser los mayores productores a nivel mundial. En los años 2007 al 2014, la producción de frijol en el mundo fue de alrededor de 17.803.000 a 20.991.898 toneladas, el área cosechada fue de 23.667.767 a 28.189.680 ha, con rendimientos de 0,68 a 0,76 t.ha-1 respectivamente (CIAT, 2010).

2.1.2. Producción y consumo mundiales

Esta es la leguminosa más importante en la dieta de los países de América central y del sur y de los situados en el centro y este de África. América Latina es la mayor zona de producción y consumo del mundo, y se estima que un 30 % proviene de ella. África es el segundo productor (20 a 25 %), siendo los países de Uganda, Kenia, Ruanda, Tanzania y Burundi los de mayor producción (Baudoin *et al.,* 2021).

La producción durante 2005 fue de 19,91 millones de toneladas. Los principales productores fueron Brasil, India, Myanmar, China, México, Estados Unidos e Indonesia. Estados Unidos de América fue el séptimo productor y dentro de los 29 países con mayor producción mundial cabe destacar dos países centroamericanos: Nicaragua (N° 20) y Guatemala (N° 29). Si bien, el primero dedica su producción principalmente al frijol rojo, mientras que el otro, al frijol negro (CIAT, 2014).

Binder (2007) indica que buena parte de la producción de leguminosas en América Latina se realiza en sistemas de producción que van de 1 a 10 hectáreas, ubicados en suelos de baja fertilidad, de manera que alrededor del 80 % se siembra en las laderas de montañas.

De acuerdo al proceso de domesticación múltiple e independiente que experimentó el cultivo, los patrones de consumo actuales en cuanto al tamaño y color del grano varían entre los países latinoamericanos. Así, México, Colombia, Ecuador, Perú y Chile tienen la mayor demanda de frijol de grano grande; lo contrario ocurre en los países centroamericanos, Brasil y Venezuela, que los prefieren pequeños. En cuanto al color del frijol, Venezuela y Guatemala son los únicos países que consumen, casi exclusivamente, frijol negro, mientras que en otros prefieren otros colores como: rojo (Colombia, Belice, Costa Rica, Salvador, México, Panamá); crema (Chile, Colombia, México); blanco (Chile, México, Perú) y diferentes colores como marrón oscuro, rojo claro, amarillo en otros países (Ayala y Mar, 2014).

Las hortalizas en general y los frijoles en particular son escasamente consumidos en Argentina, sólo 0,3 kg/habitante/año, mientras que en otros países como Brasil el consumo es de 20,1 kg/habitante/año, México 12,6 kg/habitante/año, Paraguay 24,3 kg/habitante /año y Uruguay 2,3 kg/habitante/año. El consumo promedio "per cápita" en América Latina es de 13,3 kg/habitante/año (FAO, 2015).

En todo el mundo, la mayor parte de la población recibe una pequeña porción del total de calorías dietéticas de los frijoles comunes. Sin embargo, para América Latina y África, esta legumbre representa la tercera y sexta fuente de calorías, respectivamente (Ayala y Mar, 2014).

FAOSTAT (2010) destaca el uso, para consumo seco, del tipo pequeño, negro, opaco, de frente lisa y forma truncada y ovoide en la zona oriental de Venezuela. Otros coinciden en señalar que el origen de esta preferencia esvuelvehace mucho tiempo cuando las dispersiones de frijol negro provenientes de Guatemala avanzaron hacia el interior de Teuantepeque y la Península de Yucatán, desde donde las tribus caribeñas, los transportaron a Cuba y de allí a Venezuela y se extendieron hasta Brasil. Lo anterior implica a la isla caribeña en su dispersión en el continente.

2.1.3. Ingresos a nivel mundial

Baudoin et al. (2021) señalan que en condiciones favorables y con el uso de variedades de alto rendimiento, potencialmente se pueden lograr en cultivo hasta aproximadamente 5 kg.ha^{-1}; sin embargo, la realidad es muy lejana, especialmente para los pequeños productores, cuyos rendimientos suelen ser mucho menores, reportándose 2,8 t.ha^{-1} para EE.UU.; África (Moderada) 0,8 t.ha^{-1} ; Sur de Centroamérica 1,8 t.ha^{-1} ; Oceanía, 1,3 t.ha^{-1} y Asia 1,2 t.ha^{-1} .

Lee (2001) afirma que el potencial de rendimiento del frijol es mayor a los 3kg.ha^{-1}, pero los promedios en América Latina son bajos, alrededor de 600 kg.ha^{-1}. En esto influyen varios factores, entre los que debemos mencionar: condiciones climáticas variables, problemas nutricionales del suelo, condiciones socioculturales y económicas de los agricultores, poco uso de tecnologías, plagas y enfermedades, entre otros.

Existe una diferencia significativa en el rendimiento obtenido en los sistemas de cultivo tradicionales con los obtenidos en las Estaciones de Investigación cuando se brindan los mejores cultivares y condiciones óptimas de cultivo (Baudoin *et al.*, 2021).

2.1.4. Composición química y valor nutricional.

Los frijoles (*Phaseolus vulgaris* L) son una fuente importante de proteínas; Contiene alrededor de un 20 % de proteínas altamente digeribles, compuestas por aminoácidos esenciales para el metabolismo humano, como isoleusina,

leusina, fenilalanina, metionina y triptófano. Además, también se puede considerar un alimento con alto valor energético, ya que contiene entre un 45 y un 70 % del total de carbohidratos. Por otro lado, aporta importantes cantidades de minerales (Fandiño, 2009).

Por tanto, las judías (*Phaseolus vulgaris* L.) tienen un gran valor nutricional en comparación con otros alimentos. Tabla 1.

Tabla 1. Valor nutricional del frijol (*Phaseolus vulgaris* L.).

ALIMENTO	Água	Caloría (p/100g)	Proteína (%)	Grassa (%)	carbohidratos
Frijol	11	341	22.1	1.7	61,4
Soja	8	354	38.0	18.0	31.3
Arroz	13	360	6.7	0,7	78,9
Maíz	12	360	9.3	4.0	73,5
Trigo	13	360	6.7	0	78,9
Harina de yuca	11	338	3.8	0,6	81,5
Huevos	74	158	13.0	11.0	0,7
leche en polvo completa	2.5	498	27,5	2.6	28.0
Carne de res	67	198	19.0	13.0	0
Pez	65	75	16.4	0,5	0

Fuente: Fandiño, (2009) y citado por Pequenino (2018)

Además, contribuye con efectos positivos en la prevención y tratamiento de enfermedades cardiovasculares, diabetes y cáncer, tanto por su aporte de micronutrientes (particularmente ácido fólico y magnesio) como por su alto contenido en fibra, aminoácidos, impregnados de azufre, taninos, fitoestrógenos y aminoácidos no esenciales (Rodríguez, 2006).

Es un alimento energético (ya que aporta muchas calorías), que aporta proteínas y, en cierto modo, también sirve como regulador, por su contenido en vitaminas y minerales. Si se consume junto con una verdura rica en metionina, aunque baja en lisina, ambas se complementan dando como resultado una proteína con buen valor biológico (Valdivia, 2010 citado por Tapia, 2014).

2.2. Clasificación taxonómica del cultivo de frijol.

Según Socorro *et al.,* (2008), esta especie se clasifica en:

Tabla 2. Clasificación taxonómica del cultivo del frijol.

Reino:	*Plantae.*
División:	*Magnoliofita.*
Clase:	*Magnoliopsida.*
Subclase:	*Rosidae.*
Orden:	*Fabales.*
Familia:	*Fabáceas.*
Subfamilia:	*Faboideae.*
Tribu:	*Faseoleas.*
Subtribuir:	*Faseolinae.*
Género:	*Faseolo.*
Especies:	*Phaseolus vulgaris L.*

Se reportan 55 especies, de las cuales cuatro son cultivadas: P. vulgaris L.; P. coccineus L.; P. lunatus L. y P. acutifolius A.

Nombre común: Frijol

2.3. Características morfológicas

✓ <u>Fuente:</u> Hernández (2012), en la primera etapa del desarrollo, el sistema radical está formado por la radícula del embrión, que luego se convierte en la raíz principal o primaria. Después de unos días de emergencia de la radícula, es posible observar las raíces secundarias, que se desarrollan especialmente en la parte superior o cuello de la raíz principal. Las raíces terciarias y otras subdivisiones, como los pelos absorbentes, se desarrollan en las raíces secundarias, que también se encuentran en todos los puntos de crecimiento de las raíces. En general, el sistema radical es superficial, ya que el mayor volumen de raíces se encuentra en los primeros 20 centímetros de profundidad del suelo.

Aunque generalmente se distingue la raíz primaria, el sistema radicular tiende a ser fibroso en algunos casos, pero con una amplia variación incluso dentro de una misma variedad.

Como miembro de la Subfamilia Papilionoideae, *Phaseolus vulgaris* L. presenta nódulos distribuidos en las raíces laterales de la parte superior y central del sistema radical. Estos nódulos están colonizados por bacterias del género Rhizobium, que fijan el nitrógeno atmosférico, ayudando a cubrir los requerimientos de la planta de este elemento.

La composición del sistema radical del frijol y su tamaño dependen de las características del suelo, tales como: estructura, porosidad, grado de aireación, capacidad de retención de humedad, temperatura y contenido de nutrientes.

- ✓ <u>Provenir:</u> Tapia (2014), El tallo se puede identificar como el eje central de la planta, el cual está formado por la sucesión de nudos y entre nudos. Se origina en el meristemo apical del embrión de la semilla. Desde la germinación y en las primeras etapas del desarrollo vegetal, este meristemo tiene un ápice grande y en su proceso de desarrollo genera nudos. Un nudo es el punto de inserción de hojas o cotiledones en el tallo. El tallo es herbáceo y tiene sección cilíndrica, debido a pequeñas arrugas en la epidermis.

El tallo es el resultado de un proceso dinámico de construcción activa desde sus primeras etapas de crecimiento por un grupo de células ubicadas en el ápice, llamado meristemo apical. Este proceso de construcción también incluye la formación de otros órganos dentro y entre los nodos.

El tallo generalmente tiene un diámetro mayor que las ramas y puede ser erecto, semirecto o rastrero, según el hábito de crecimiento de la variedad. Existe una variación en cuanto a la pigmentación del tallo, de modo que se pueden encontrar derivaciones de tres colores fundamentales: verde, marrón y rojo.

- ✓ <u>Hojas:</u> Araya (2010), Las hojas de frijol son de dos tipos, simples y compuestas y se insertan en los nudos del tallo y las ramas. Las hojas primarias son simples y aparecen en el segundo nudo. del tallo, se forman en la semilla durante la embriogénesis y se caen antes de que la planta esté completamente desarrollada.

Las hojas compuestas trifoliadas son las más típicas del frijol, tienen tres folíolos, pecíolo y raquis. En la inserción de las hojas trifoliadas hay un par de estípulas de forma triangular que siempre son visibles.

Inflorescencia

Según el investigador Camellón (2012), las inflorescencias pueden ser terminales o axilares. Desde el punto de vista botánico, se consideran racimos de racimos, es decir, un racimo principal compuesto por racimos secundarios, que se originan a partir de un complejo de tres yemas (tríada floral) que se encuentran en las axilas formadas por las brácteas primarias y el raquis. En la inflorescencia se pueden distinguir tres componentes principales: el eje de la inflorescencia que está formado por el pedúnculo y el raquis, las brácteas primarias y los botones florales.

 ✓ Flor: Tapia (2014), La flor del frijol es una flor papilionácea típica. En el proceso de desarrollo de esta flor se pueden distinguir dos estados, el botón floral y la flor totalmente abierta.

El capullo floral, ya sea que se origine en las inserciones de un racimo o en el desarrollo floral de las yemas de una axila en su estado inicial, está rodeado de bractéolas que tienen forma ovalada o redonda. En su estado final destaca la corola, que aún está cerrada y las bractéolas sólo cubren el tallo. Cuando el fenómeno ocurre antes de que se abra la flor.

La morfología floral del frijol favorece el mecanismo de autopolinización, ya que las anteras se encuentran al mismo nivel que el estigma. Cuando el polen se derrama (antesis), cae directamente sobre el estigma.

 ✓ Fruta: Camellón (2012), El fruto es una vaina con dos válvulas que provienen del ovario comprimido. Dado que el fruto es una vaina, esta especie se clasifica como leguminosa.

Las vainas pueden ser de distintos colores, uniformes o ralladas, según la variedad. En una unión aparecen dos suturas: la sutura dorsal, llamada placentaria, y la sutura ventral. Los óvulos, que son las futuras semillas, se alternan en la sutura placentaria.

 ✓ Semilla: Tapia (2014), La semilla no tiene albúmina, por lo que las reservas nutricionales se concentran en los cotiledones. Puede tener varias formas: ovoide, cilíndrica, arriñonada.

2.4. Hábito de crecimiento del frijol

Para CIAT (2014), por su hábito de crecimiento, se clasifican en:

 ✓ Tipo I. Generalmente tienen pocos nudos (5 a 10), terminan en una inflorescencia, se mantienen erectos, tienden a ser de semillas grandes, precoces, con un período de floración corto, bajo potencial de rendimiento (aunque esto se puede compensar con una mayor densidad). de plantas), de madurez más uniforme, tallo fuerte y grueso, vaina de longitud relativamente larga y en general, son suaves de cocción y de jugo espeso. Estas variedades responden bien en surcos de 30 a 60 cm de ancho.

✓ Tipo II. Se mantienen erectos, tienen una pequeña guía en el tallo principal y las ramas no producen guías, tienen mayor potencial de rendimiento y mayor número de nudos 11 a 14 que los del Tipo I, suelen ser de vainas y semillas nuevas, del Ciclo biológico intermedio a retardado, responden adecuadamente en surcos de 40 a 70 cm de ancho.

✓ Tipo III. Tienen alto potencial de rendimiento, mayor número de nudos y ramas de 12 a 16, de varios colores y tamaños de grano, su ciclo vegetativo es intermedio a retardado. Estas variedades responden adecuadamente en surcos de 60 a 70 cm de ancho.

✓ Tipo IV. Suelen ascender, tienen varios colores, tienen alto potencial de rendimiento, con 14 a 18 nudos y suelen tener un ciclo retrasado de más de 120 días. Estas variedades responden bien en surcos de 70 a 80 cm de ancho.

✓ Tipo V. Son de ciclo retardado (120 a 160 días), con 16 a 30 nudos, con alto potencial de rendimiento, de varios colores y tamaños de semillas, generalmente

Tabla 3. Etapas de desarrollo de la planta de frijol.

Pasos	Código	Nombre
Vegetativo	V0	Germinación.
	V1	Emergencia.
	V2	Hojas primarias.
	V3	Primera hoja trifoliada.
	V4	Tercera hoja trifoliada.
Reproductivo	R5	Prefloración.
	R6	Floración.
	R7	Formación de vainas.
	R8	Lleno de vainas.
	R9	Maduración.

Fuente: Camellón, (2012).

Fases de la etapa vegetativa: en esta fase ocurren las etapas de germinación, emergencia y formación de hojas.

Etapa V0 (Germinación). La semilla absorbe agua y en ella se producen los fenómenos de división celular y reacciones bioquímicas que liberan nutrientes de los cotiledones. Pronto emerge la radícula, que luego se convierte en raíz primaria cuando sobre ella aparecen raíces secundarias; El tallo también crece y los cotiledones quedan al nivel del suelo.

Etapa V1 (Emergencia). Comienza cuando aparecen los cotiledones al nivel del suelo. El tallo se endereza y continúa creciendo, los cotiledones comienzan a separarse y pronto se desarrollan las hojas primarias.

Etapa V2 (Hojas primarias). Comienza cuando se despliegan las hojas primarias de la planta. En cultivo se considera que esta etapa comienza cuando el 50 % de las plantas presentan esta característica. En esta etapa comienza el rápido desarrollo vegetativo de la planta, durante el cual se formará el tallo, las ramas y las hojas trifoliadas. Los cotiledones pierden su forma al arrugarse y arquearse.

Estadio V3 (Primera hoja trifoliada). Comienza cuando la planta tiene la primera hoja trifoliada completamente abierta. En cultivo, esta etapa comienza cuando el 50 % de las plantas han desplegado la primera hoja trifoliada.

Estadio V4 (Tercera hoja trifoliada). Esta etapa comienza cuando se despliega la tercera hoja trifoliada. En cultivo, esta etapa comienza cuando el 50 % de las plantas presentan esta característica. A partir de esta etapa se pueden observar claramente diferencias en algunas estructuras vegetativas como el tallo, las ramas y las hojas trifoliadas que se desarrollan a partir de las tríadas de yemas. La primera rama suele iniciar su desarrollo cuando la planta inicia la etapa V3.

Según Camellón (2012), las etapas de la fase reproductiva incluyen prefloración, floración, formación de vainas, crecimiento de semillas y maduración, estas etapas son:

> Etapa R5 (Prefloración). La etapa R5 comienza cuando aparece el primer brote o racimo floral. En cultivo se considera que esta etapa comienza cuando el 50 % de las plantas presentan esta característica. En variedades con crecimiento determinado, el desarrollo de botones florales se nota en el último nudo del tallo o rama; mientras que en variedades con crecimiento indeterminado se observan racimos florales en los nudos inferiores.

> Etapa R6 (Floración). La etapa R6 comienza cuando la planta presenta la primera flor abierta en cultivo, cuando el 50 % de las plantas presentan esta característica. La primera flor abierta corresponde al primer botón floral que aparece. En variedades con hábito de crecimiento determinado, la floración comienza en el último nudo del tallo o ramas y continúa hacia abajo en los nudos inferiores. Por el contrario, en

variedades de crecimiento indeterminado, la floración comienza en la parte inferior del tallo y continúa hacia arriba. Una vez que la flor ha sido fecundada y está abierta, la corola se marchita y la vaina comienza a crecer.

> Paso R7 (formación de vainas). En la planta, esta etapa comienza cuando aparece la primera vaina con la corola floral colgando o desprendida, y en condiciones de cultivo cuando el 50 % de las plantas presentan esta característica. Durante los primeros 10 o 15 días después de la floración, se produce principalmente un crecimiento longitudinal de la vaina y poco crecimiento de las semillas. Cuando las vainas alcanzan su tamaño final y peso máximo, comienza el crecimiento de las semillas.

> Etapa R8 (Crecimiento de semillas). En cultivo, la etapa R8 comienza cuando el 50 % de las plantas empiezan a llenar la primera vaina. Entonces comienza el crecimiento activo de las semillas. Al final de esta etapa los granos pierden su color verde, comenzando así a adquirir las características propias de la variedad. En algunas variedades, los colores de las vainas comienzan a pigmentarse, lo que generalmente ocurre después de que comienza la pigmentación de las semillas.

> Etapa R9 (Maduración). Esta etapa es la última en la escala de desarrollo, a medida que el cultivo madura. Se caracteriza por la maduración y secado de las vainas. Esta etapa comienza en el cultivo cuando el 50 % de las plantas tienen al menos una vaina, comienza la decoloración y el secado. Las vainas, al secarse, pierden su pigmentación; El contenido de agua de las semillas desciende hasta alcanzar entre el 15 y el 20 %, momento en el que alcanzan su color típico. Aquí finaliza el ciclo biológico de la planta y está lista para la cosecha.

2.5. Trabajo agronómico que requiere el cultivo.

> *Selección de área*

Preferiblemente en suelos planos y evitando zonas bajas con peligro de encharcamiento, así como un buen drenaje interno y superficial y un pH óptimo: 5,0 a 8,1. Sin presencia de obstáculos (Escoto, 2014).

> *Preparación del suelo*

Con este cultivo, el cultivo pretende crear una capa adecuada para la germinación de las semillas, con el objetivo de conseguir que la planta obtenga las condiciones óptimas para su crecimiento y desarrollo. Es necesario que el número de arados a realizar no sea excesivo para no destruir la composición granular y evitar la compactación (Escoto, 2014).

Entre el inicio de la preparación y la siembra debe transcurrir un lapso de tiempo que permita que se compongan los residuos de malezas y cosechas anteriores. Además de eliminar entre dos y tres germinaciones de semillas de malezas que brotan (Araya, 2010).

En siembra mecanizada es necesario eliminar obstáculos y nivelar. La labranza mínima se realiza sin invertir el prisma cuando se utiliza tracción animal. La profundidad de la rotura y del resto de la obra no deberá ser inferior a 25 cm. El suelo debe ser subsolado cada tres o cuatro años con una profundidad no menor a 40 cm (Ramos, 2014).

➢ *Siembra*

La época de siembra más favorable para el cultivo de *Phaseolus vulgaris* L. es aquella que permite coincidir la cosecha con el período de escasas o nulas precipitaciones, para evitar dañar los granos por exceso de humedad, además de ofrecer las condiciones climáticas para el buen desarrollo del cultivo (Ramos, 2014).

➢ *Distancia de siembra*

Esto dependerá de la variedad, tamaño de la semilla y germinación. La distancia de siembra para variedades con hábito de crecimiento en determinado patrón rastrero erecto tipos III y II es de 45 a 70 cm entre surcos y de 5 a 7 cm entre plantas. Las variedades con hábito de crecimiento determinado tipo I se deben sembrar en surcos dobles de 30 a 60 cm y 7 cm entre plantas. La profundidad de siembra debe ser entre 3 y 5 cm (Araya, 2010).

➢ *Fertilización*

El frijol se cultiva en suelos con condiciones físicas y químicas muy variables, las deficiencias nutricionales pueden afectar el desarrollo y rendimiento del cultivo. La información disponible de diversos autores es variable con diferentes variedades y poblaciones (250 a 300 mil plantas.ha^{-1}), el medio de absorción de nutrientes es $133.8 - 16.0 - 116.6$ kg.ha^{-1} y un promedio de extracción y exportación en la semilla es $32.2 - 5.4 - 17.2$ kg.t^{-1} de nitrógeno, fósforo y potasio respectivamente, para alcanzar el potencial de rendimiento del variedades, se debe aplicar fertilizante completo en el fondo del surco al momento de la siembra (Araya, 2010).

➤ *Riego*

El frijol requiere aproximadamente 9 riegos (con una norma clara de 250 m3.ha-1) durante todo el ciclo de cultivo, independientemente de la variedad y tipo de suelo, este debe permanecer al 80 % de la capacidad de campo. El frijol tiene 4 etapas críticas: germinación, floración, formación de semillas y crecimiento, donde no puede faltar agua para que el rendimiento no se vea afectado (Ramos, 2014).

➤ *Cosecha*

La cosecha debe recolectarse al inicio de la fase de madurez técnica, cuando el grano tiene entre 15 y 18 % de humedad. Puede realizarse de forma mecanizada o manual (Araya, 2010).

2.6. Condiciones edafoclimáticas

Cabrera (2000), sostiene que el frijol es próspero en climas fríos y cálidos, y tiene variedades trepadoras y enanas. Se cultiva en suelos poco salinos, con un nivel de precipitaciones medio. El mismo autor menciona que esta planta se cultiva en lugares donde el calor del sol llega al tallo de la planta. Aunque soporta una amplia gama de suelos, los más adecuados son los suelos ligeros, de textura silíceo-limosa, con buen drenaje y ricos en materia orgánica. En suelos fuertemente arcillosos, muy calcáreos y salinos con poca vegetación, es muy sensible al exceso de humedad, por lo que un exceso de riego puede ser suficiente para dañar el cultivo, dejando la planta de color amarillento y pequeña.

Ayala y Mar (2014), mencionan que el cultivo de frijol requiere de suelos fértiles, con buen contenido de materia orgánica, las texturas de suelo más adecuadas son: moderadamente pesadas, buena aireación y drenaje, ya que es un cultivo que no tolera suelos compactos y con poca aireación. y acumulación de agua.

Hernández (2012), indica que los valores óptimos de pH oscilan entre 6,0 y 7,5, aunque en suelos arenosos se desarrolla bien con valores de hasta 8,5. Si el suelo es ligero y arenoso, agregue abundante cantidad de turba húmeda, fertilizante o estiércol curtido. Si el drenaje no es bueno se formará un montón y se formarán semillas en la parte superior. Si el suelo es muy ácido se añade cal.

Los factores climáticos como la temperatura y la luz no son fáciles de modificar, pero es posible controlarlos, utilizando prácticas culturales, como la siembra en épocas adecuadas, para que el cultivo tenga condiciones favorables (Hernández, 2012).

El Centro de Investigaciones Agrícolas Tropicales (CIAT), (2010), asegura que el agua es fundamental para el desarrollo de los cultivos y su rendimiento. Existen líneas y variedades que muestran buena tolerancia a las deficiencias hídricas, dando rendimientos aceptables en estas condiciones, tolerancia que puede verse respaldada por la mayor capacidad de extraer agua de las capas profundas del suelo.

Arias et al. (2009) afirman que el papel más importante de la luz es en la fotosíntesis, pero también afecta la fenología y morfología de la planta. Los frijoles son una especie de días cortos, los días largos tienden a provocar retrasos en la floración y madurez. Por cada hora adicional de luz al día, la maduración se puede retrasar de dos a seis días.

Las variables meteorológicas pueden presentar una gran variabilidad, tanto en la forma en que se manifiestan como en sus magnitudes, lo que dificulta su gestión y utilización conveniente. Por tanto, es necesario, teniendo en cuenta los requerimientos de la planta en cuanto a la condición climática, poder combinarlos con su impacto en el tiempo, para que actúen favorablemente. Para ello, es necesario conocer el comportamiento del clima de la zona, para ajustarlo con la época de siembra, de modo que no se presenten condiciones climáticas adversas (Socorro *et al.,* 2008 citado por Camellón, 2012).

La forma en que se presentan las variables meteorológicas requiere el establecimiento de pronósticos basados en datos históricos acumulados, especialmente la incidencia de lluvias, altas o bajas temperaturas y vientos (Escoto, 2014).

> *Temperatura*

La temperatura influye en el cultivo del frijol a lo largo de su ciclo Socorro et al. (2008) afirman que la temperatura óptima para el desarrollo de las plantas es de 24 a 25 °C, aunque para cada etapa de desarrollo existen rangos óptimos de temperatura, valores máximos y mínimos. El rango de temperatura óptimo para el cultivo del frijol durante la germinación es un mínimo de 8 °C, el óptimo es de 24 a 25 °C y el máximo es de 30 °C, para la floración la temperatura mínima es de 15 °C, la óptima es de 22 a 25 °C y la máxima es 30 a 35 °C, para maduración la mínima es de 18 °C, la óptima es de 22 a 26 °C y la temperatura máxima es de 26 a 30 °C. Durante el desarrollo vegetativo de la planta, y hasta que se produce la floración, la temperatura regula los procesos de respiración, fotosíntesis y absorción de nutrientes.

> *Humedad.*Socorro *et al.,* (2008) y llamado por Escoto, (2014)

La humedad relativa que rodea a la planta de frijol puede influir directa o indirectamente en su desarrollo, directamente sobre las funciones fisiológicas que realiza la planta, como la transpiración, la respiración y la fotosíntesis. Una humedad relativa del 70 % se considera adecuada para el buen desarrollo de la planta de frijol. La humedad del suelo también puede tener una influencia positiva o negativa en el desarrollo de los cultivos.

Los requerimientos hídricos del frijol son bajos, por lo que la acumulación de exceso de humedad en el suelo, como consecuencia de lluvias intensas y mal distribuidas o de riego excesivo, especialmente en suelos con dificultades de drenaje, provoca importantes alteraciones en el desarrollo del sistema radical y en el resto de la planta. Hay que recordar que el sistema radical del frijol está poco desarrollado y, por tanto, necesita poder alcanzar el mayor desarrollo posible.

Por tanto, los suelos que por sus características retienen mucha humedad no son los más adecuados para este cultivo. Sin embargo, al sembrar frijol en los meses secos del año, el riego se vuelve fundamental para garantizar los requerimientos hídricos del cultivo.

> *Luz.*Socorro *et al.,* (2008) y llamado por Camellón, (2012)

Socorro et al. (2008) afirma que la luz es una variable meteorológica con implicaciones particulares para la productividad del frijol. Se sabe que su acción condiciona el crecimiento y desarrollo de la planta al constituir la fuente de energía para los fenómenos fotoquímicos que regulan los procesos fisiológicos de la planta. Sin embargo, es difícil determinar su efecto sobre la planta de forma aislada debido a la estrecha conexión que mantiene con otros factores como la temperatura y la humedad. La acción de la luz sobre la planta de frijol se puede estimar en función de la cantidad recibida (que depende directamente de la duración del día y de la radiación efectiva) así como de su calidad (que depende del tipo de radiación).

El frijol es un cultivo de día corto, por lo que la floración se ve favorecida por fotoperiodos inferiores a 12 horas con largos períodos de oscuridad, lo que ocurre en Angola a partir del mes de mayo. Por otro lado, es posible observar tendencias en la planta hacia un crecimiento continuo con apariencia de forma voluble cuando se desarrolla en condiciones de iluminación prolongada, provocando limitaciones en la fase reproductiva.

Esta circunstancia hace que la floración se vaya reduciendo progresivamente si se alarga el ciclo y se produce un mayor desarrollo foliar. Sin embargo, las diferencias entre la duración máxima y mínima del día en nuestra latitud no parecen ser lo suficientemente pronunciadas como para inhibir completamente la floración, aunque sí pueden afectarla.

> *vientos*

Los vientos influyen negativamente cuando se presentan a altas velocidades, al tener la planta un gran volumen foliar, aumenta la tasa de transpiración y, por tanto, no siempre puede compensar bien la desecación que se produce en las hojas debido a las limitaciones que presenta el sistema radical (Socorro *et al.,* 2008).

2.7. Caracteres de rendimiento y sus componentes.

El rendimiento del frijol se compone de: número de inflorescencias (racimos) por planta, número de vainas por racimo, número de semillas por vaina, el peso de las semillas a su vez está determinado por sus componentes, largo y ancho. En las legumbres, las propiedades de las vainas juegan un papel importante. La heredabilidad de la renta en general es baja o similar a la de otros componentes de la renta (Camellón, 2012).

2.8. Principales plagas del frijol. Características (Martínez *et al.,* 2007)

✓ *Empoascapp (salto de hoja)*

Tiene seis puntos blancos en la cabeza y el tórax. Las plantas atacadas adquieren un color verde intenso y sus hojas se curvan fuertemente.

✓ *Bemisiaspp (mosca blanca)*

La mosca blanca es una de las plagas más importantes a nivel mundial. La importancia económica de este insecto se debe a su amplia distribución geográfica en las zonas tropicales, subtropicales y templadas del mundo, la gran cantidad de especies cultivadas que afectan la gran cantidad de plantas silvestres que atacan. Los adultos y ninfas de este insecto succionan la savia del floema. Este es un daño directo que reduce los ingresos. La producción de secreciones azucaradas por parte de adultos y ninfas afecta indirectamente a la producción porque favorece el desarrollo de hongos (hongos) que interfieren en la fotosíntesis.

Las larvas tienen patas rudimentarias que sirven para fijarse al envés de las hojas donde permanecen hasta la etapa de pupa. El adulto es de color blanco y aparece en los primeros días después de la siembra del cultivo, aumentando hasta la etapa de floración. Es el principal vector del Virus del Mosaico Dorado en el frijol, enfermedad que reduce considerablemente los rendimientos.

✓ *Polyphago tarsonemuslatus (ácaro blanco)*

Los síntomas son más visibles en las hojas jóvenes, que se vuelven moradas en el dorso y, a veces, de color amarillo oscuro. Los primeros síntomas se observan como un enrollamiento de los nervios en las hojas y brotes apicales, con curvaturas en las hojas más desarrolladas. En ataques más avanzados se produce enanismo y coloración verde intensa de las plantas, abortos florales y un endurecimiento general de los órganos vegetativos de las plantas. Es un ácaro muy pequeño y sólo puede observarse con ayuda de una buena lupa o estereoscopio (Travuco *et al.*, 2016).

En su estado adulto tienen un color verde claro, el envés de las hojas toma un color morado, cuando la condición es mayor las hojas pueden tornarse de color amarillo oscuro.

✓ *Diabroticabalteata (crisomélido común)*

Las larvas se alimentan exclusivamente de raíces y tubérculos, reduciendo el vigor de la planta. Su producción incide directamente en la calidad del producto en determinados cultivos como el boniato. Los adultos son especialmente dañinos para las plantas pequeñas y se comen completamente los cotiledones. En plantas adultas, aunque el daño directo es limitado, pueden causar graves problemas, especialmente mediante la transmisión de enfermedades (López, 2014).

✓ *Cerotomaruficornis Olivier (crisomélido de frijol común). Sinónimo: Andrectorruficornis*

Los adultos se alimentan del follaje, perforan las hojas y provocan una reducción del área foliar. Los mayores efectos se aprecian en las primeras fases fenológicas del cultivo, aunque afecta a casi todo el ciclo completo. Esta plaga constituye un vector de los virus Pintalgado de manchas amarillas (BYSV) y Mosaico del caupí (CPMV) (López, 2014).

✓ *Uromycesphasioli (frijol royo)*

En hojas, vainas y a veces en tallos y ramas, aparecen manchas, inicialmente pequeñas y de color blanco, marrón rojizo, que varían en tamaño de 1 a 2 mm, con gran número de espolones.

✓ *Colletotrichum lindemuthianum (Antracnosis)*

En las hojas, inicialmente en el envés, se encuentran lesiones de color marrón rojizo a negro, a lo largo de las venas que pueden transformarse en cancros, que pueden unirse y formar áreas neuróticas en el borde. Pueden verse atacados los pecíolos, ramas, tallos, cotiledones y vainas. Las lesiones son pequeñas, deprimidas, de color marrón, a menudo cubiertas por masas de espolones.

✓ *Xanthomonas campestripv. Phasioli (bacteriosis común)*

En las hojas se encuentran pequeñas manchas húmedas en el dorso que aumentan de tamaño de forma irregular y se unen. Las partes infectadas se vuelven flácidas, de color marrón y pueden estar rodeadas por un hilo amarillo. En las vainas, las manchas húmedas que van adquiriendo color gradualmente se vuelven de oscuras a rojizas y están ligeramente deprimidas.

✓ *RhizoctoniasolaniKuhn (estado asexual), Thanatephorus cucumeris (Frank) (estado sexual).*

T. cucumeris ataca principalmente hojas, tallos, ramas y vainas en cualquier etapa de desarrollo, no causa daño a las raíces. Los primeros síntomas que aparecen en las hojas generalmente son provocados por la salpicadura de esclerocios y micelio (estado asexual). Otro tipo de lesión, en este caso provocada por basidios esporales (estado sexual).

✓ *Mosaico de frijol común. (Virus de la necrosis del mosaico común del frijol - BCMNV)*

El síntoma principal del mosaico común es la necrosis en las raíces (raíz negra), aunque esto puede variar con las temperaturas ambientales y el genotipo de la especie. En general, aparece como un mosaico verde (manchas de color verde claro que se alternan con verde oscuro) y dobla las hojas al revés. También pueden aparecer hojas deformadas en la misma planta.

En general, se reduce el desarrollo de plantas que tienen pocas y pequeñas vainas, las cuales se cubren de pequeñas manchas de color verde oscuro. Estos síntomas pueden confundirse fácilmente con el Mosaico del Pepino (CMV), pero se diferencian porque en el caso del CMV son transitivos y en el caso del BCMNV son permanentes.

✓ *Mosaico de frijol dorado (BGMV)*

Agente transmisor: Mosca blanca (Bemisiaspp)

Las plantas jóvenes presentan síntomas en las primeras hojas trifoliadas, adquiriendo las nervaduras un color amarillo claro. Generalmente este proceso comienza a mitad de la hoja cerca de la punta. Al cabo de tres o cinco días, esta vena se extiende hasta cubrir gran parte de la hoja, contrastando con las zonas intervenales de color verde oscuro.

✓ *Mosaico amarillo (Virus del mosaico amarillo del frijol BYMV)*

Los síntomas de esta enfermedad pueden variar dependiendo de la especie, la cepa del virus y la fenología de la planta en el momento de la infestación, así como de factores ambientales. Normalmente consisten en colores de las hojas y nervaduras, un aspecto de mosaico, así como deformaciones de las hojas y raquitismo de las plantas pequeñas.

✓ *Erysiphebetae (mildiu polvoriento)*

Los síntomas aparecen primero en las hojas, empezando por las más viejas y posteriormente en las vainas y tallos. Aparecen en forma de manchas blancas de aspecto polvoriento en la superficie de la hoja. El tejido debajo de estas manchas blancas cambia de color debido a la acción del hongo, hasta volverse de color marrón púrpura. En caso de ataques severos, toda la superficie de la hoja puede verse afectada. Los tejidos se necrosan y las hojas pasan por un proceso de envejecimiento prematuro hasta morir.

Según Vázquez (2008), las partes de la planta donde se concentra el ataque de la plaga se muestran en las tablas 4 y 5.

Tabla 4. Partes de la planta donde se concentra el ataque de las principales plagas.

Plagas	Provenir	Hojas	Fruta
Frijol Roya		incógnita	incógnita
antracnosis	incógnita	incógnita	incógnita
mildiú polvoriento		incógnita	
Crisomélidos		incógnita	
mosca blanca		incógnita	
saltar hojas		incógnita	
ácaro blanco		incógnita	

Fuente: Vázquez, (2008) convocado por Pequenino, (2018)

Tabla 5. Malezas predominantes en el cultivo de frijol.

nombre científico	ciclo vegetativo	Forma de propagación	Características
Amarantus dubius Mart.	Perenne	Por semillas	Fuertemente agresivo y muy competitivo.
Cyperusrotundus L.	Perenne	Por semillas	Causa daños en los primeros estados.
Echinocloa colona L.	Anual	Por semillas	Es un poderoso invasor.
Euphorbia heterophylla L	Anual	Por semillas	Es muy agresivo y fuerte.
Portulaca olearáceas L.	Anual	Por semilla y porciones del tallo.	Fácil propagación
Pense de sorgo Sibthorp.	Perenne	Por semilla y porciones del tallo.	Es más dañino.

Fuente: Franco *et al.,* (2014).

Franco *et al.,* (2014) incluyen, además de plagas, una serie de plantas indeseables que causan daños al cultivo de frijol, entre ellas las mencionadas en el cuadro 4.

2.9. Medidas de control de plagas

El control de plagas puede ser preventivo o curativo; el primero tiene lugar antes del ataque patógeno; y la segunda es cuando el cultivo ya está afectado (Almaguel, 2002).

Teniendo en cuenta los daños que las plagas y enfermedades pueden causar al rendimiento de los cultivos y a la calidad de los productos; y en el deterioro y crecimiento de la flora en la entidad, se debe considerar que este fenómeno tiene baja intensidad, cuando afecta una zona y un determinado tipo de cultivo, el cual puede ser controlado casi de inmediato; de intensidad media, cuando el riesgo y daño causado sean inaceptables, afectando significativamente la producción; y alto, cuando sus efectos son altamente destructivos y alteran gravemente el medio ambiente, generando una paulatina e inminente situación de riesgo para la población (García *et al.,* 2009).

El manejo de plagas se refiere a reducir las plagas a niveles aceptables para el agricultor, no necesariamente implica su eliminación absoluta. Si bien se sugiere el uso mínimo de pesticidas, no se descarta esta alternativa, cuando la situación lo amerita. Esto significa que hay situaciones en las que la aplicación de un químico es la medida más lógica y valiosa, siempre que se tome esta decisión, considerando criterios ecológicos, socioeconómicos y ambientales en general (Almaguel, 2002).

Muchos organismos tienen un enorme poder reproductivo y se desarrollarían rápidamente si no existiera un mecanismo de control natural que los mantenga en un determinado nivel sin la intervención directa del hombre. Al diseñar medidas de manejo siempre es importante conocer la regulación natural de las plagas (control natural), ya que este es un factor muy importante y muchas veces determina si un organismo alcanza o no el estatus de plaga (Hernández, 2012).

El control natural consiste en la acción colectiva de factores ambientales físicos y bióticos que mantienen la plaga en un determinado nivel oscilante durante un período de tiempo. Dentro de los componentes del control natural, juegan un papel importante los factores climáticos (lluvia, temperatura, viento) y los enemigos naturales (parásitos, depredadores y patógenos). Por lo tanto, nuestras acciones de control aplicadas deben estar encaminadas a aprovechar estos factores de control de plagas (Hernández, 2012).

2.10 Abonos orgánicos en cultivos

Yalta (2001) en el trabajo "Efecto del Mulch con incorporación de gallinaza sobre el rendimiento del cultivo de repollo (Brassicaoleracea, Var. Capitata alvorada L.), concluye que el rendimiento más importante se obtiene entre las coberturas (Mulch) practicadas (hojas de guayaba, cono de arroz, hojas de kudzu, aserrín), fue con hojas de guayaba; Con este tratamiento se obtuvo un rendimiento cabeza/ha de 35,33 t.ha-1 .

García (2013) en la tesis "Dosis de subsidio de cama blanda (cerdaza + cono de arroz) y su efecto en el rendimiento de hojas de col (Brassicaoleracea L.), Var. Delicia Tropical en Fundo Zungarococha", concluye que el máximo rendimiento obtenido de Brassicaoleracea L., Var. El "repollo" Tropical Delight, estuvo en el tratamiento T4 (9 kg de hojarasca/m^2) con 36, 720 t.ha^{-1} y el mínimo fue el tratamiento T1 (3 kg de hojarasca/m^2) con 29, 940 t. .ha^{-1}.

Torres (2012), en la tesis "Métodos de siembra y cobertura, su influencia en las características agronómicas y rendimiento en Brassicaoleracea L. "repollo", Var. Capitata alvarada, híbrido Tropical Delight en Nina Rumi – San Juan Batista, concluye que el tratamiento T2 (hilera simple con cobertura orgánica) obtuvo un peso de repollo de 1.77 kg y el tratamiento T1 (hilera simple + cobertura sintética) obtuvo un rendimiento de 1.53 kg. de peso de repollo.

Zagaceta (2001), en la tesis "Efecto de la distancia de siembra en el cultivo de Brassicaoleracea Kale, Var. Capitata alvarada L. con aplicaciones de gallinaza", concluye que, la distancia de 60 cm. entre líneas y 30 cm. entre plantas se obtiene el mejor rendimiento, con 42.570 t.ha^{-1} .

Chujutalli (2008), en el trabajo "Influencia de la aplicación de Biol y sus efectos en el rendimiento de Brassicaoleracea L. "repollo, Var. Delicia Tropical en Zungarococha", concluye que el máximo rendimiento obtenido en Brassicaoleracea L. Var. "Repollo" Tropical Delight, fue en el tratamiento T1 (Biol con una frecuencia de 3 días), el cual obtuvo un rendimiento de 40.400 t.ha^{-1}.

Jaramillo y Leyva (2002) mencionan que durante el proceso de descomposición de la materia orgánica se forman ácidos orgánicos e inorgánicos, los cuales influyen en la acidez de los suelos; al mismo tiempo, demuestran que los ácidos sulfúrico y nítrico se forman no sólo mediante el proceso de degradación orgánica, sino también por la acción microbiana sobre ciertos fertilizantes como el sulfuro y el sulfato de amonio, específicamente el último de los nombrados.

Camagro (2005), afirma que, en el transcurso de su desarrollo, una planta consume una determinada cantidad de ciertos elementos que varía según la especie y que debe ser restituida en forma de aportes, según la naturaleza del suelo y de las necesidades de cultivo. Los fertilizantes orgánicos también se consideran enmiendas, ya que corrigen propiedades físicas; Aportan cantidades considerables de elementos nutricionales, produciendo cambios químicos en el suelo.

IMPULSEMILLAS (2007), menciona que la materia orgánica del suelo deriva de restos de plantas y animales muertos y de organismos muertos en el suelo. Así, los compuestos relativos son aquellos que formaban parte de las redes vivas, los carbohidratos y sustancias afines, los lípidos y las proteínas. En general, estos compuestos se oxidan hasta el final o se convierten en humus.

2.10.1. Fertilización y rendimiento de los cultivos.

Babilônia y Reátegui (1994) planta que inicialmente requiere el uso de 5 kg. de guano de corral (galinaza) por m2, mezclar bien y dejar reposar una semana, tiempo transcurrido y 30 horas antes de la siembra, se debe agregar un fertilizante completo (NPK) a razón de 54 g de Urea, 27 g de Fosfato. el triple, 50 g de Cloruro de Potasio, pero 10 g. de cal (viva o preparada) y 5 g de Magboro por m2.

Ministerio de Agricultura (1997) indica que el rendimiento de hojas de col en el Perú en orden de mérito corresponde a las siguientes regiones: Lima con 19,572 kg.ha^{-1}; Arequipa con 16.610 t.ha^{-1} y Andrés Avelino Cáceres (Huánuco, Pasco, Junín) con 14.318 t.ha^{-1}, la región Loreto acumula 4.318 t.ha^{-1}; Además, la misma publicación menciona que el área cultivada este año en Lima con 1181 ha, Chavín con 552 ha, Andrés Avelino Cáceres con 518 ha y Arequipa con 433 ha.

Al respecto, Pinchi (1999) afirma que utilizando gallinas ponedoras a razón de 5 kg/m^2, 8 días antes del trasplante y aplicando NPK a los 30 días a razón de 7,5 g de mezcla/planta, se obtuvieron 19.080,00 kg.ha^{-1}. obtenido con ingresos de Tropical Delight.

Jercy (1996) afirma que el requerimiento de Nitrógeno (N) es de 100 a 225 t.ha^{-1}, distribuidos de una a tres aplicaciones, en banda a ambos lados del surco, antes del inicio de la formación de cabezas. Se recomienda utilizar dosis bajas cuando la col se haya plantado después de un cultivo muy fertilizado, en suelos arcillosos o cuando las condiciones ambientales favorezcan el crecimiento acelerado del cultivo.

El mismo autor se refiere a ello en el caso del Fósforo (P). En suelos pobres en este nutriente (menos de 15 ppm) se recomiendan 225-280 t.ha^{-1} de P2O5. En suelos medianos (15-30 ppm) de 170-225 kg.ha^{-1} se aplican de la misma forma. Para suelos con buen contenido de fósforo (+30 ppm) se puede utilizar una fertilización no mayor de 90 kg.ha^{-1}. Y en el caso del Potasio (K). En suelos que requieran la aplicación de este nutriente, se aconseja utilizar una dosis de 110-220 t.ha^{-1} de K2O y la aplicación se realizará por volea para incorporarlo al suelo antes de extender las camas.

2.10.2. Abonos orgánicos. estiércol de ganado

Sobre el préstamo Galvão (2013) afirma que el estiércol es un fertilizante muy importante y que se podría afrontar con éxito el hasta hace poco tiempo problema del Nitrógeno, que es el elemento que más se pierde durante la quema.

Gratelly (1992) también afirma que el estiércol mejora la agregación del suelo, lo convierte en una sustancia más absorbente del agua de lluvia, mejora el drenaje y forma una capa superficial de humus que reduce la acción erosiva de las precipitaciones.

Y por otro lado, Gutiérrez (1994) afirma que habrá que prestar mucha atención al uso combinado de abonos y abonos orgánicos para aumentar la producción agrícola y mantener la fertilidad del suelo. Del mismo modo afirma que el estiércol se utiliza sobre todo en pastos, jardines, huertas, pero es indudable que, si está enriquecido con fertilizantes minerales, podría usarse para cultivar cereales y tubérculos de manera intensiva, además de la ventaja de la acción. de materia orgánica fresca es el aumento del humus del suelo.

Por otra parte, Valadez (1996) los aportes del estiércol, independientemente de su acción beneficiosa como enmienda orgánica, ponen a disposición del cultivo elementos fertilizantes que se liberan lentamente y que los cultivos aprovechan en años sucesivos por parte de las especies animales. de donde proceden y también por el grado de humedad, tiempo de elaboración, forma en que se presenta.

Otros que se refirieron a la diéresis fueron Arteaga y Pumalpa (1992) quienes afirman que el contenido de nutrientes del estiércol tiende a fluctuar ampliamente dependiendo del tipo de animal de donde proviene, el forraje que recibe y el mantenimiento que brinda.

Tamben Syngenta (2007) también indica que el estiércol formado con excrementos de ganado es el más importante de los fertilizantes orgánicos, ya que todas las sustancias orgánicas del estiércol se transforman en humus y esto favorece las propiedades físicas de la tierra, que la vuelve blanda e hidroscópica.

La FAO (1979) indica que estudios en países asiáticos reportan que el estiércol de ganado es un buen fertilizante y se utiliza directamente en áreas de cultivo intensivo y cultivos hortícolas. Además, aumenta el rendimiento de los cultivos y mejora la estructura del suelo. En el laboratorio se determinó que el estiércol reduce la concentración de iones Al y Fe en la solución revisada, posiblemente debido a la relación entre estos compuestos.

Hernández y Chailloux (2001) mencionan que el uso de estiércol, pastos y leguminosas en rotaciones también es ventajoso en el control de enfermedades y nematodos; Esto se debe a que aumenta la penetración del agua a través de los residuos vegetales y también mejora la estructura del suelo para que no haya obstrucciones al drenaje. El uso generalizado de estiércol animal y otros materiales orgánicos contribuirá sin duda a la ausencia de deficiencias de elementos en muchos países, sin mencionar la conservación de la estructura del suelo durante muchos años de cultivo.

2.10.3. Abonos orgánicos. estiércol de cabra

Es uno de los abonos más activos y más caliente que otros abonos, lo que lo hace ventajoso para suelos fuertes y fríos, a los que favorece diseccionándolos. Por su naturaleza y la cantidad utilizada en su formación influye mucho en su acción sobre el suelo (Borrero, 2005).

Su efecto es más inmediato. Los cultivos fertilizados con estiércol de cabra son muy propensos a volverse adictivos; esto depende más del estado del animal. Por ejemplo, la cebada abonada con estiércol de cabra castrada produce menos almidón y sus granos germinan de forma irregular. (Cossanga, 2000).

Según estudios de Speck (2012), en general merecen ser recomendados los terrenos fertilizados con estiércol de cabras castradas; De esta forma, los excrementos de estos animales quedan menos expuestos a mojarse, y las partículas volátiles que se liberan quedan fijadas en el suelo en lugar de perderse.

Según Flores (2012), la materia orgánica procedente de cabras es una buena forma de dotar a los campos, así como a las praderas, de un fertilizante que actúa con fuerza y rapidez y cuyos efectos son especialmente eficaces tanto en cereales como en cereales y otros cultivos económicos. importancia. La fertilización también se puede realizar mucho después de la siembra, si el suelo no está demasiado compacto ni demasiado húmedo. Esta es una excelente manera de fortalecer las plantas jóvenes cuando están débiles y enfermas. Sobre el suelo arenoso, el rebaño no sólo trabaja a través del estiércol, sino también de las pisadas, lo que garantizará más cuerpo al terreno.

La utilidad de esta práctica está tan reconocida en las Ardenas que la gente ya no tiene cuidado con el pastoreo de ganado por tierras sembradas, cuando las circunstancias lo permiten. Cuando el rebaño trabaja en terrenos que aún no han sido sembrados, es necesario cubrir sin demora el abono de las cabras con un arado superficial. Cuanto más calor hace, más prisa hay que tener (Tortosa *et al.*, 2012).

Tabla 6. Caracterización agroquímica del estiércol caprino.

Parámetros	Valor
Humedad (%)	38,5
pH	8.5
Conductividad eléctrica (dS m-1)	11.33
Materia orgánica (%)	45,6
Nitrógeno total (NT) (g.kg^{-1})	17.7
Relación C/N	14.3
Fósforo (P) (g.kg^{-1})	2.2
Potasio (K) (g.kg^{-1})	16.6
Calcio (Ca) (g.kg^{-1})	11.9
Magnesio (Mg) (g.kg^{-1})	18.7

Fuente: Tortosa *et al.*, (2012)

III. MATERIALES Y MÉTODOS

3.1. Ubicación del experimento

El estudio experimental se realizó en los meses comprendidos entre febrero y junio de 2023, en la mina Cristiano Shafodino en la localidad de Caxilla III. Perteneciente al municipio de Cuanhama, situado en la provincia de Ondjiva. La investigación consistió en evaluar variedades de Frijol (*Phaseolus vulgaris*, L.) espera coinado, sembradas en un suelo semiárido, las principales características de los suelos de este huerto son representativas de las zonas en las que se desarrolla este cultivo en la Provincia.

✓ Frijoles esperan al cuñado

Ciclo de vida: 80 días; hábito de crecimiento: Tipo II; vainas por planta: 23; masa de 100 semillas: 40 g; altura de la planta: 65 cm; color de la veta: rosa crema; tamaño de grano: medio; rendimiento en kg.ha^{-1}: 1300,38; número de vainas por planta: 23; entre nodos: 12.

La superficie experimental está situada a una altitud de 1100 metros sobre el nivel medio del mar, según hoja n° 422 del Cuadro 1:100.000 del Instituto Geofigurae Cartofigurade Angola, (IGCA) 2008; Carta Natal/Ciudades/Angola, 2012).

Los frijoles son uno de los alimentos más queridos por los angoleños. Los frijoles, en sus más diversas formas y tipos, son una legumbre súper poderosa para nuestra dieta.

*Beneficios*frijoles espera cuñado

- vitaminas del complejo B, especialmente vitaminas B1, B2, B3 y B9;

- Lisina, un aminoácido que no lo produce el organismo y debe incluirse en la dieta. Es uno de los principales responsables del crecimiento óseo durante la pubertad;

- Además de los siguientes minerales: Calcio; Cobre; Hierro; Flúor; Fósforo; Magnesio; Potasio; Zinc.

- Nutritivos y fáciles de manipular en la cocina, los frijoles son un alimento que se puede consumir de diferentes formas. Ya sea con arroz, en farofas, ensaladas, como caldo o en la tradicional feijoada, los platos que contienen frijoles son sabrosos y ricos en sustancias muy importantes para el organismo.

3.2. Condiciones climáticas

El clima que caracteriza a la región es tropical seco, megatermal, con precipitaciones irregulares en los meses de febrero a junio, no superando los 600 mm anuales de forma irregular, con una humedad relativa promedio inferior al 50 %. Las condiciones climáticas del área del experimento corresponden a una zona ecológica con poca vegetación de árboles y arbustos tropicales semiáridos, 35.2 % de humedad relativa, 15.54 °C de temperatura mínima y 33.35 °C de máxima.

El clima predominante en la región es cálido y seco con un período lluvioso de noviembre a marzo. Las precipitaciones fueron nulas en los meses del experimento (ver Anexo 1 con datos climáticos según los trimestres del año, meses del experimento).

3.3. Diseño experimental

Se siguió un diseño experimental de Bloques Aleatorios, la siembra se realizó en parcelas independientes para cada tratamiento y tres repeticiones para cada uno de ellos, haciendo un total de dieciocho parcelas, se diseñó un sistema de muestreo para las variables en estudio que permitió analizar estadísticamente los datos. procesar y discriminar las variantes más prometedoras para las condiciones locales.

Las parcelas estaban espaciadas a 0,50 m. Las parcelas tuvieron un largo de 2.5 m y un ancho de 2.5 m, la distancia entre surcos fue de 0.60 m, la distancia entre plantas fue de 0.25 m con 40 plantas por parcela. La forma en que se ubicaron las parcelas durante el experimento de evaluación la respuestaagroproductividad de diferentes dosis de fertilizante orgánico (estiércol de ganado) y los diferentes tratamientos se muestran en la tabla 7.

Tabla 7. tratamiento experimental y dosis utilizadas

Abreviatura	Tratamiento	Dosis
T1	Variedad de frijol (*Phaseolus vulgaris*,	5 kg.m^{-2}
T2	L.)"*esperando a mi*	10 kg.m^{-2}
T3	*cuñado*"con diferentes	30 kg.m^{-2}
T4 (Testigo)	dosis de abono orgánico (estiércol de ganado).	Sí aplicación.

3.4. Tratos

Todos los tratamientos tuvieron el mismo número de plantas, con la misma variedad de frijol pero con diferentes dosis de fertilizante orgánico. Para investigar cada parcela experimental se eligieron los surcos centrales.

3.5. Gestión de experimentos

3.5.1. Preparación del suelo

La preparación del suelo se realizó un mes antes con el objetivo de ofrecer un lugar para la siembra que permita un rápido desarrollo de las plantas; utilizando estiércol de cabra en el fondo de los surcos, una semana antes de la siembra se realizó un arado de 20 a 25 cm de profundidad, seguido de rastra para obtener un buen triturado del suelo.

3.6. Siembra y atención cultural.

Las semillas para la producción de frijol fueron adquiridas en el mercado de Shomocuyo, son de fácil germinación debido a su permeabilidad de cobertura, con un poder germinativo del 95 %. La siembra se realizó el 25 de febrero de 2023, a una profundidad tres veces el diámetro de la semilla, con el fin de permitir que la semilla germine fácilmente.

control de malezas

La eliminación de malezas se realizó de manera continua con un intervalo de 30 días, procurando que el suelo estuviera libre de esta plaga, con el fin de evitar daños a las plantas durante su desarrollo.

fertilizar

La aplicación de estiércol caprino se realizó siete días antes de la siembra directamente al suelo de forma manual, en el fondo del surco, con la aplicación de una dosis de: cinco, diez y tres kg.ha^{-1} respectivamente para los tratamientos.

Riego

El riego se realizó mediante el sistema de riego directo con ayuda de una manguera conectada a una bomba eléctrica en período alterno, mediante surco con una aplicación tres veces por semana en el primer período y posteriormente se redujo a dos veces por semana.

3.7. Variables analizadas

La evaluación de campo se realizó en los primeros dos meses después de la siembra, evaluando el crecimiento de las plantas, donde se tomaron muestras de las parcelas experimentales y se midieron las siguientes variables (anexo 2):

a) *Altura de la planta (cm):* La longitud del tallo principal se evaluó mediante una cinta métrica en cm, considerando la medida desde el nivel del suelo hasta el ápice del tallo. Se utilizaron 24 plantas por parcela para obtener la variable promedio en (cm), las cuales se marcaron después de la germinación.

b) *Diámetro del vástago (mm):* Se midió el nivel del cuello de la raíz de 24 plantas con un calibre graduado en milímetros (mm).

c) *Número de hojas por planta (u):* Evaluado contando y observando visualmente las hojas de 24 plantas por parcela.

d) *Número de vainas por planta (u):* Se evaluó mediante conteo por observación visual de las vainas de 24 plantas por parcela, las cuales se marcaron después de la germinación para obtener los promedios de las variables en unidades (u).

e) *Longitud de la vaina (cm):* Evaluado a 40 vainas por parcela mediante conteo por observación visual en cada cosecha, medido con regla de 30 cm).

f) Peso de 100 cementos (g): Se pesó una muestra por parcela utilizando una báscula electrónica marca Ciatronic kw 3412, con capacidad máxima de (50 kg).

g) Rendimiento por parcela neta kg.ha^{-1}.

IV. RESULTADOS Y DISCUSIÓN

Los principales resultados obtenidos en la investigación se muestran en forma de figuras y tablas, que demuestran las variaciones en los aspectos estudiados en cada uno de los tratamientos.

4.1. Comportamiento de las variables de crecimiento

4.1.1. Análisis de altura de planta (cm)

El crecimiento de las plantas y la consiguiente acumulación de materia seca están directamente relacionados con la absorción continua de nutrientes minerales, que sólo se produce si el tamaño de la planta aumenta.

Al analizar el comportamiento de la variable de crecimiento altura de planta, se pueden observar diferencias significativas en la variedad de frijol en estudio, como se muestra en la figura 1.

Figura 1. Comportamiento en altura de planta variable

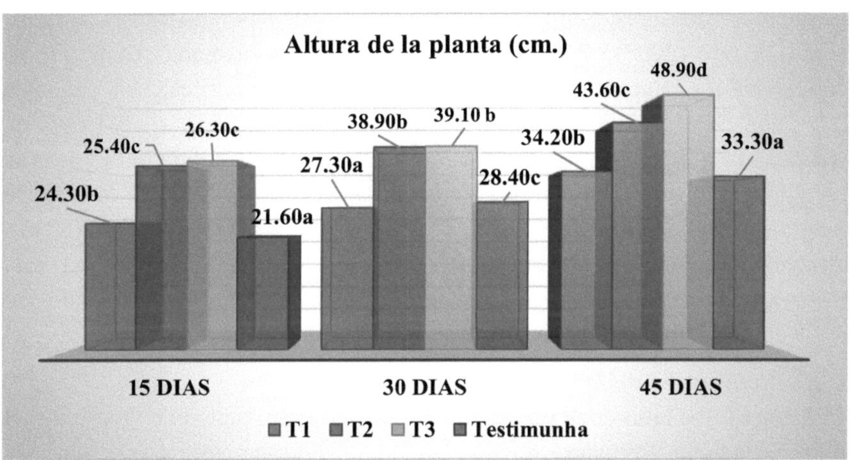

Las medias con letras desiguales (a, b, c, d) difieren entre sí en p ≤ 0,05.

Al evaluar el efecto del uso de diferentes fertilizantes orgánicos en una variedad de frijol sobre la variable de crecimiento altura de la semilla; Se puede observar en la figura 1, que el tratamiento (T3), da mejores resultados con una altura de 36.30 cm, a los 15 días y a los 45 días de 48.90 cm, discrepancia importante con los demás tratamientos y más bien difiriendo significativamente de este. tratamiento (T2) a los 30 días, en todos los casos este resultado corresponde a tratamientos cuando se aplica una asignación orgánica a razón de 30.0 kg.m^2, en todos los casos muestro el valor más bajo en el tratamiento control (T4).

Estos resultados son superiores a los reportados por Sánchez (2010), al evaluar dos cultivares de frijol en el municipio de Ciego da Ávila (Cuba) en un suelo Ferralítico Rojo obtuvo valores promedio entre 23,8 cm y 26,9 cm, respectivamente. Estas diferencias pueden deberse a las condiciones ambientales en las que se realizaron las investigaciones y al manejo agronómico al que fueron sometidos estos cultivos, si tenemos en cuenta lo expuesto por Palácios y Montenegro (2006), citado por Jiménez (2013), que establece que la altura de la planta es una característica genética específica del cultivar, que interactúa con el medio ambiente.

Resultados superiores también fueron reportados por Oporta y Rivas (2006) en Nicaragua, al evaluar un estudio de frijol para determinar densidades ideales y época de siembra para variedades con crecimiento indeterminado, encontraron diferencias significativas en los valores de longitud del tallo principal, alcanzando los valores más altos de 1,50 y 2 metros.

Resultados inferiores y similares fueron reportados por diferentes autores, como Nonato (2007), al evaluar 20 variedades semipostradas en Brasil en condiciones de temporal, encontró diferencias significativas en estas variables con valores que oscilaron entre 0,36 y 0,48 m.

Ndapandula (2013), evaluando dos variedades Nacare y Shindimba en tres períodos de siembra, encontró diferencias significativas en los valores de longitud del tallo principal evaluado a los 40 días después de la siembra (DDS), alcanzando valores de 126 cm en Shimdimba y 198 cm en Nácaré. En esta investigación se lograron resultados superiores al evaluar seis variedades de frijol en un suelo semiárido.

4.1.2. Análisis del diámetro del tallo (mm)

El diámetro del tallo de la planta es un indicador que, junto con la altura y el número de hojas, forman el vigor de la planta, como se muestra en la figura 2. Se observa que el mejor tratamiento en cuanto a la variable diámetro de tallo fue en las plantas obtenidas del tratamiento T4, (donde doce y 30 kg.m^2 de estiércol de ganado) se obtuvieron los mejores resultados, con un diámetro de 8,90; 9.30 y 9.60 mm, a los 15, 30 y 45 días respectivamente, el análisis de variación mostró diferencias significativas entre todos los tratamientos.

Ngouajio *et al.,* (2006) y Oliveira *et al.,* (2010) lograron resultados similares y reportan que a medida que la planta gana en crecimiento, el tallo aumenta en diámetro. Esta investigación demuestra que lo anterior da cuenta del potencial de cada variedad de frijol y de un ambiente climático adecuado para el desarrollo exitoso de las plantas.

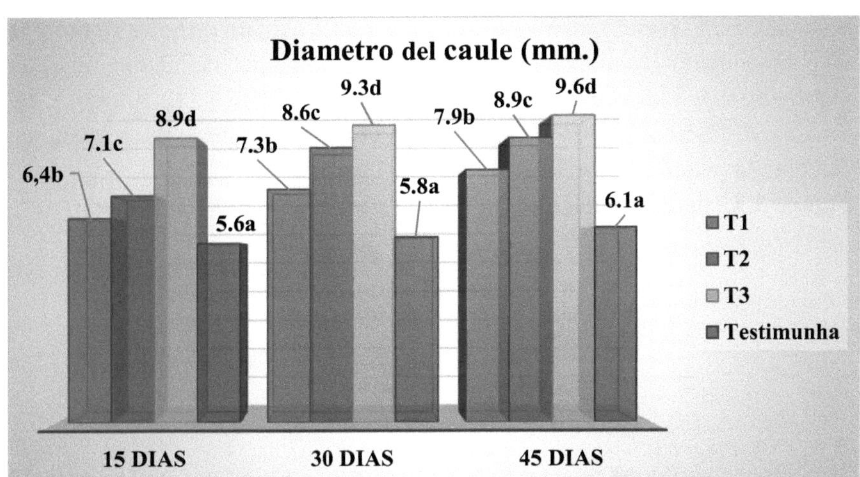

Las medias con letras desiguales (a, b, c, d) difieren entre sí en p ≤ 0,05.

Resultados similares fueron obtenidos por Ngouajio *et al.,* (2006) y Oliveira *et al.,* (2010) reportan que a medida que la planta gana en crecimiento hay un mayor diámetro del tallo. Esta investigación demuestra que lo explicado anteriormente es el potencial de cada variedad de frijol y un ambiente climático adecuado para el desarrollo exitoso de las plantas.

La mayoría de las plantas en tratamientos con seis variedades de frijol muestran que la variable diámetro del tallo estuvo influenciada positivamente por el clima y la calidad genética de cada una de ellas. Los resultados obtenidos coinciden con la tendencia reportada por Mallor *et al.,* (2010), que se produce una disminución en el diámetro del tallo de la planta al no poder expresar el potencial genético de cada variedad en un ensayo de cebolla cultivada en Fuentes de Ebro, España.

4.1.3. Comportamiento de la variable número de hojas (u)

El aumento del área foliar tiene gran importancia fisiológica para las plantas, ya que con el aumento de esta variable habrá mayor posibilidad de aumentar la superficie fotosintética activa, lo que favorece la producción de carbohidratos que, junto con el agua y los elementos minerales absorbidos por las raíces, inducir un aumento en la síntesis de proteínas y otros compuestos orgánicos, lo que se traducirá en un aumento de la producción de biomasa en las plantas.

En el análisis de varianza realizado para la variable número de hojas por planta (figura 3), se observa que existen diferencias significativas entre los tratamientos. El mejor tratamiento para la variable número de hojas se observa en el tratamiento T3. (donde dosis de fertilizante orgánico de 30,0 kg.m^2), con valores de 9,3; 38.3 y 56.3 hojas, seguido del tratamiento T2 (7.10; 8.6; y 8.9 hojas) y T1 (6.10; 26.4 y 36.9) en ese orden respectivamente, luego se continúa con el tratamiento control T4 (6.3; 18.3 y 23.6 hojas).

Figura 3. Ccomportamiento en la variable número de hojas por planta.

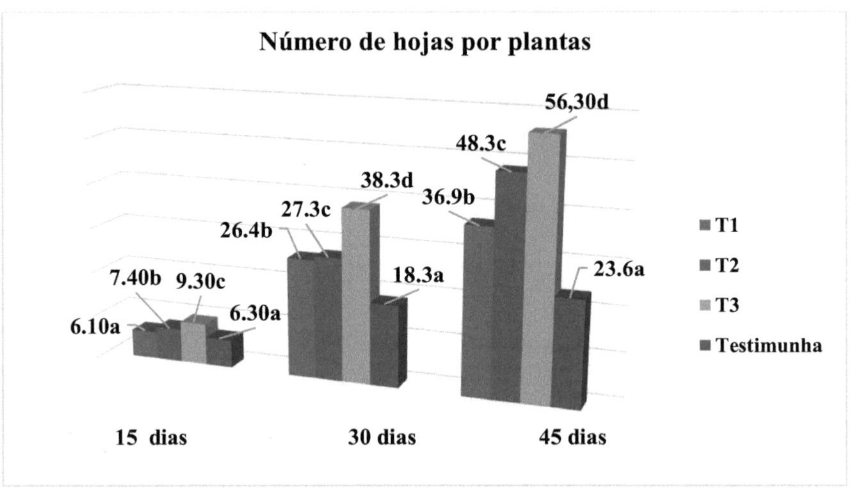

Las medias con letras desiguales (a, b, c, d) difieren entre sí en p ≤ 0,05.

Estos resultados pueden estar dados por el hecho del tamaño de la planta y el grado de deificación ya que este es un carácter de la arquitectura de la planta, e influenciado por las características de cada variedad, más el ambiente que permite el desarrollo de la planta específicamente en la emisión de hojas (Manuel, 2014).

Esta investigación resaltó el efecto benéfico que causan las diferentes características genéticas de las variedades de frijol, donde la planta está menos expuesta a las emisiones de los rayos solares, lo cual, según Leving (2004) citado por Manuel (2014), la radiación en las plantas está promoviendo la activación. de diversas enzimas, como polifenol oxidasas, cabalazas, peroxidasas y esterazas, que apoyan la formación de sustancias fisiológicamente activas, que son aprovechadas por la planta favoreciendo su crecimiento y desarrollo en general.

Resultados similares reportó Ndapandula (2013), al evaluar dos variedades de frijol Nacare y Shindimba en tres periodos de siembra, el cual encontró diferencias significativas en el número de hojas por planta, argumentando que la diferencia se debía a la variedad y comportamiento de las precipitaciones, el clima y fertilizantes incorporados al suelo. Nonato (2007), evaluando 20 variedades de frijol semipostrado de crecimiento indeterminado en Brasil en condiciones de temporal, encontró diferencias significativas en los valores de esta variable entre las diferentes variedades.

Filho y Carlos (2006), evaluando nueve progenies de frijol macunde, encontraron diferencias significativas en los valores de longitud de la rama principal, que osciló entre 25,17 y 94,88 centímetros, mientras que el número de ramas alcanzó valores de 2,60 ramas por planta. El número de ramas laterales principales y sus características influyen directamente en la arquitectura de la planta y el potencial de rendimiento de grano, como lo observaron Mendes *et al.,* (2005).

4.2. Comportamiento de los componentes del rendimiento.

4.2.1. Comportamiento del número de vainas por planta (u)

El número de vainas por planta en el cultivo de frijol, junto con el largo de las vainas y el peso de 100 semillas, son las variables que siempre se relacionan con los rendimientos del cultivo, independientemente de las condiciones evaluadas. Estos resultados se presentan con base en las características genéticas de las variedades en estudio, la cual es un componente esencial para la productividad de las plantas.

En la figura 4, se muestra que la variable número de vainas donde o tratamiento T3 (donde dosis de fertilizante orgánico de 30.0 kg.m^2), obtuvo los resultados más altos 7.16 vainas/plantas, difiriendo significativamente con todos los tratamientos, tratamientos T1 y T2 y no difieren entre eslabones, el resultado más bajo se muestra en el tratamiento T4 (testigo)

Estos resultados no se corresponden con los obtenidos por Sánchez (2010) quien reportó un valor mínimo de 9 y un valor máximo de 10 vainas por planta al evaluar dos cultivares de frijol con hábito I. Valdivia (2010) al evaluar cinco cultivares con hábito I reportó un valor mínimo de 9 y un valor máximo de 11 vainas por planta.

Figura 4. Comportamiento de la vaina/planta

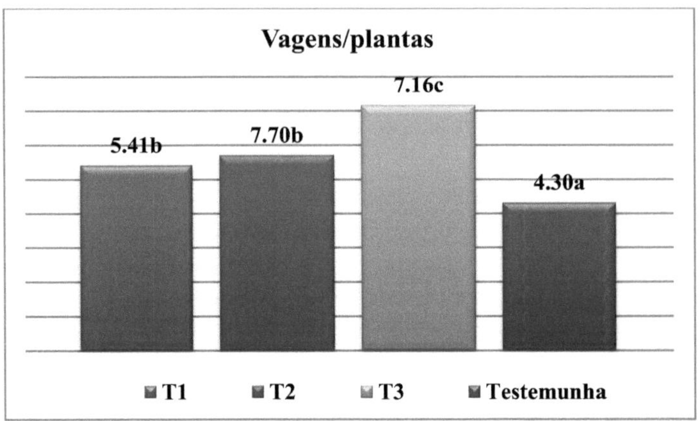

Las medias con letras desiguales (a, b, c, d) difieren entre sí en p ≤ 0,05.

Expósito (2010) reportó un valor promedio de 13 vainas por planta al evaluar un cultivar de frijol de hábito negro I en un suelo Ferralítico Rojo en el municipio Cego de Ávila (Cuba), estos valores fueron menores en relación a los valores obtenidos en esta investigación.

El número de vainas por planta está relacionado con el rendimiento, Artola (1990) citado por Jiménez (2013) afirma que depende del número de flores que tenga la planta, además, está influenciado por factores ambientales (temperatura, viento y agua), en el momento de la floración y estado nutricional durante la fase de deformación de la vaina y la semilla. El número de vainas por planta es de carácter discontinuo, pues sus valores pueden expresarse en números enteros (Jiménez, 2013).

Muchos autores han reportado resultados similares en cuanto a los valores obtenidos en este componente del rendimiento (Aramendiz *et al.,* 2011), evaluando 13 líneas promisorias de caupí en el valle del Sinú en Colombia y encontrando valores de 10 y 21,1 vainas por planta. Teixeira *et al.,* (2010), en Brasil, evaluando ocho variedades de caupí, encontraron valores de 10 y 23 vainas por planta, estos resultados difieren de los obtenidos en esta investigación con variedades de frijol.

El propósito de evaluar el comportamiento de diferentes variedades de frijol en el área experimental es brindar a los productores semillas resistentes a las condiciones climáticas de Ondjiva, con el fin de incrementar los rendimientos, aprovechar el espacio vital de la planta y mejorar las condiciones físicas, químicas y biológicas. condiciones aumentando las reservas nutricionales ya existentes en el suelo.

Sembrar correctamente una variedad de este cultivo es siempre uno de los medios más eficaces para obtener las mejores cosechas, además de mejorar la fertilidad del suelo. El uso cada vez mayor de estas prácticas y su aplicación a gran escala constituyen los principales elementos para incrementar la producción de frijol en la provincia de Cunene.

Esto está asociado a los bajos niveles de precipitaciones en la localidad, lo que hace que los rendimientos de los cultivos no alcancen su máximo potencial productivo en la región. Además de las condiciones evaluadas, es necesario utilizar alternativas que permitan alcanzar altas producciones, minimizando al mismo tiempo las pérdidas por el uso incorrecto de variedades en el cultivo de frijol.

La longitud de vainas por planta es uno de los factores determinantes del rendimiento y está ligado a condiciones de alta intensidad de radiación solar debido al aumento del área foliar, aumentando la capacidad fotosintética de la planta, formándose así nutrientes que estimulan la formación de vainas. El número de vainas y su longitud en una planta es una característica genética de la variedad que cambia poco a poco con las condiciones ambientales (Da Silva Carneiro, 2011).

En el análisis de varianza realizado para la variable longitud de vainas por ovillo, se observó que, en el caso del tamaño de vainas por ovillo, los valores más altos los alcanzó el tratamiento T3 (donde se aplicaron dosis de fertilizante orgánico de 30,0 kg.m^2), a diferencia significativamente de otros tratamientos, el valor más bajo lo obtuvo el tratamiento control T4.

Aunque este patrón está relacionado con la productividad, ya que a mayor número de vainas por planta y número de granos por vaina, mayor es la productividad Carvalho et al. (2009), realizando una caracterización morfoagronómica y su divergencia genética en 44 estudios africanos de caupí en el Estado de Piauí Brasil, reportaron valores entre 10 y 18,9 centímetros de longitud por vaina y de 1,5 a 4,5 vainas por tallo, en esta investigación En cuanto al largo de vainas por planta en el cultivo de frijol, los resultados fueron inferiores a los obtenidos por este autor.

Da Silva Carneiro (2011), evaluando seis variedades de caupí en Brasil, encontró valores de longitud de vaina entre 12 y 18,3 cm y afirmó que las longitudes de vaina de todas las variedades eran inferiores al estándar comercial de 20 cm, propuesto por Silva y Oliveira. (1993), con valores superiores a los de esta investigación.

4.2.2. Comportamiento de los granos por vainas (u)

El comportamiento de dos granos/plantas es muy importante al analizar los componentes del rendimiento porque mientras mayor número de granos haya en las mazorcas, mejor será el comportamiento o rendimiento Da Silva Carneiro (2011).

Figura 5. Comportamiento de los granos por Vainas

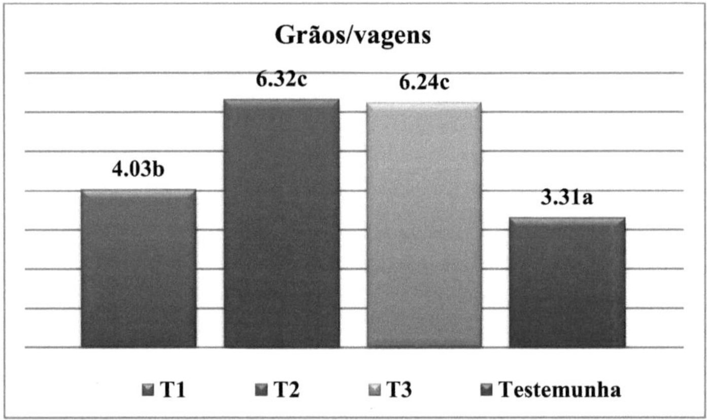

Las medias con letras desiguales (a, b y c) difieren entre sí en $p \leq 0{,}05$.

Estos resultados no se corresponden con los obtenidos por Sánchez (2010) quien reportó un valor mínimo de 9 y un valor máximo de 10 vainas por planta al evaluar dos cultivares de frijol con hábito I. Valdivia (2010) al evaluar cinco cultivares con hábito I reportó un valor mínimo de 9 y un valor máximo de 11 vainas por planta.

4.2.3. Comportamiento del peso de 100 semillas (g)

Al analizar el peso de 100 semillas en (figura 6) se puede observar que el mejor comportamiento lo logró el tratamiento T4 (testigo) con un valor de 15.3 g, reportándose diferencias estadísticamente significativas entre todos los tratamientos. El tratamiento T3, con un valor de 19,46 g, difiere significativamente de los tratamientos T1, T2 y T4.

Ndanyengwondunge, (2014), explica que el peso de la semilla está condicionado por la transferencia de nutrientes de la planta a la semilla, durante su fase vegetativa. Exania y Zoraida, (2006) citados por Ndapandula (2013), el peso de 100 semillas está determinado por el tamaño de la semilla: larga y gruesa. En esta investigación se tuvo en cuenta lo expuesto por estos autores.

Figura 6. Comportamiento en la variable peso de 100 semillas (g)

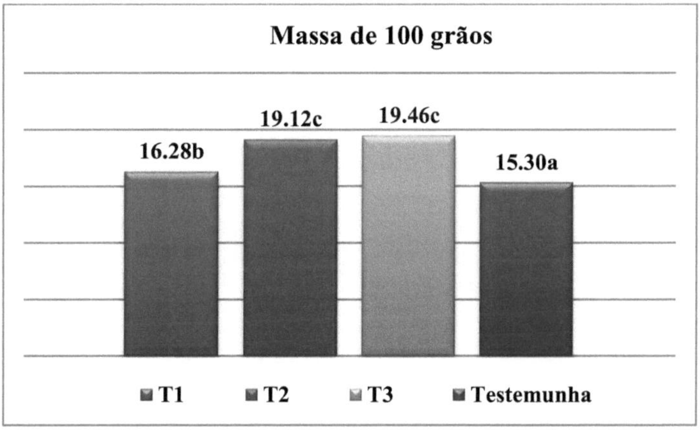

Las medias con letras desiguales (a, b, c y d) difieren entre sí en p ≤ 0,05.

Nonato (2007), evaluó 20 variedades de crecimiento indeterminado de tamaño semiposturado de frijol Macunde en Brasil en condiciones de temporal, reportando valores que variaron entre 12,7 y 25,7 g, indicando alta variabilidad de este componente entre variedades. Da Silva Carneiro (2011), en Brasil, evaluando seis variedades de macunde reportó valores para el peso de 100 semillas que varían entre 18,5 y 22 g. En esta investigación, teniendo en cuenta las variedades de este cultivo, los resultados obtenidos son superiores. .

4.2.4. Comportamiento de rendimiento (t.ha^{-1})

Al evaluar el rendimiento (figura 7), se observa que existen diferencias significativas entre los tratamientos, siendo el tratamiento T3 (donde se aplican dosis de fertilizante orgánico de 30.0 kg.m^2), con un valor de 0,96 t.ha^{-1} logrando diferencias estadísticamente significativas entre los tratamientos T1 y T4, y no con el tratamiento T2, el menor 0,72 t.ha^{-1} , difiriendo significativamente con todos los tratamientos (figura 7).

El rendimiento determina la eficiencia de las plantas en el uso de los nutrientes del suelo y el potencial genético que presentan las variedades. Según Palácios y Montenegro (2006), el rendimiento es función de varias características anatómicas y morfológicas que tienen que ver con el número de vainas. por rama, número de vainas por planta, número de semillas por vaina y peso de 100 semillas.

Figura 7. Comportamiento de la renta variable por cuota

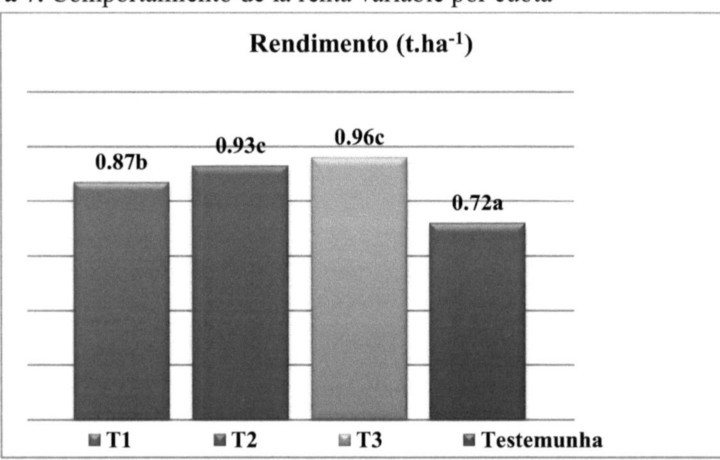

Las medias con letras desiguales (a, b y c) difieren entre sí en p ≤ 0,05.

Ndapandula (2013) citado por Ndanyengwondunge (2014) afirma que la formación del rendimiento se da a lo largo de todo el período de crecimiento y desarrollo, desde el surgimiento de la planta hasta la formación del último órgano bajo la influencia de factores edafoclimáticos, por ello la evaluación Se debe considerar el ambiente específico en el que se realiza el experimento, que los valores altos y bajos reflejen las posibilidades reales del genotipo, de acuerdo a las condiciones presentes. En este experimento, el tratamiento T3 (donde dosis de fertilizante orgánico de 30,0 kg.m^2) fue la variedad con mejor adaptabilidad a las condiciones climáticas del lugar donde se realizó el estudio. Samaneolu (2013), en similares condiciones de suelo y clima, evaluando cinco distancias de siembra con la variedad Shindimba de frijol macunde, encontró valores de 1,36 y 1,85 t.ha^{-1}, respectivamente, teniendo en cuenta las características de las variedades de frijol estudiadas. bajo estas condiciones, estos parámetros tienen comportamientos menores e intermedios a los obtenidos en esta investigación.

4.3. Análisis económico

Tabla 8. Análisis del comportamiento económico de los tratamientos con frijol.

Tratamiento	Actuación (Producción bruta) (t.ha^{-1})	Precio de venta (AKz)	Valor de la producción bruta (AKz)	Costo de producción bruta (AKz)	Ganância. (AKz)	Costo x Akz. (AKz)
T1	0,87	850.000	739 500,00	34 000,00	705 500,00	0,21
T2	0,93	850.000	790 500,00	32 154,00	758 346,00	0,24
T3	0,96	850.000	816 000,00	36 450,00	779 550,00	0,21
T4 (Testigo)	0,72	850.000	612 000,00	21 587,00	590 413,00	0,27
total	3.48	850.000	2 958 000,00	124 121,00	2 833 809,00	0,23

Aviso:
- ✓ Precio de una t.ha^{-1} de frijol = 850.000,00 Akz.
- ✓ Valor de la producción bruta = Producción Bruta x precio de una t.ha^{-1} de frijol.
- ✓ Beneficio = Valor Bruto de Producción - Costo Bruto de Producción.
- ✓ Costo x Akz = Beneficio / Costo Bruto de Producción.

Como se puede observar en la tabla 7, el tratamiento T3 (donde se aplicaron dosis de fertilizante orgánico de 30.0kg.m^2), obtuvo un costo de producción de 36,450.00 Akz y con una venda produce 816,000.00 Akz, garantizando una ganancia de 779,550.00 Akz, con un costo por cada Akz de producción bruta de 0.21 Akz, considere este resultado o mejor experimento corto.

Siguiendo este valor se muestran los resultados de los tratamientos T2 (donde dosis de fertilizante orgánico de 10.0 kg.m^2) y T1 (donde se aplicaron dosis de fertilizante orgánico de 5.0 t.ha^{-1}), los costos de producción en cada caso fueron: 32 154.00 Akz y 34 000.00 Akz, los costos más bajos se encontraron en el tratamiento T4 donde se sembró el testigo, aunque muestra los mayores resultados de su coste de producción (0,27 Akz). En todos los casos hubo una ganancia y, en general, el Cost x Akz fue rápido con 0,23 Akz.

Ndapandula (2013), evaluando dos variedades Nacare y Shindimba de frijol macunde en tres periodos de siembra, encontró una mejor relación costo x Akz en la siembra de diciembre debido al mayor rendimiento obtenido, en esta investigación los mejores resultados los obtuvo el tratamiento T3 (donde dosis de abono organico 30.0 kg.m^2) y donde el mejor índice económico proviene del tratamiento T3 (donde dosis de abono orgánico de 10,0 kg.m^2).

V. CONCLUSIONES

1. En el desempeño agroproductivo de las diferentes aplicaciones de fertilizantes orgánicos, variedades de frijol y tratamiento T3 (donde se aplican dosis de fertilizante orgánico de 30,0 kg.m^2) obtuvieron los mejores resultados en las variables altura de planta, diámetro de tallo y número de hojas por planta.
2. Los mejores rendimientos de frijol se lograron en el tratamiento T3 (donde se aplicaron dosis de fertilizante orgánico de 30,0 kg.m^2).
3. Económicamente, el mejor tratamiento fue el T3 (donde se aplicaron dosis de fertilizante orgánico de 30,0 kg.m^2), obteniendo unos beneficios de 779.550,00 Akz, a pesar de que todos los tratamientos obtuvieron beneficios.

VI. RECOMENDACIONES

1. Que los agricultores de la provincia de Cunene, en particular los de la localidad de Caxilla III, apliquen las técnicas disponibles en este trabajo para lograr mejores rendimientos en el cultivo del frijol, acuñado con aplicaciones de fertilizantes orgánicos con una dosis de 30.0 kg.m^2, por ser el tratamiento que mejor se desarrolla en las condiciones climáticas locales.
2. Realizar el mismo estudio en otros municipios de la Provincia con diferentes características de suelo y clima para comprobar la adaptabilidad y comportamiento de diferentes variedades de frijol.

VII. BIBLIOGRAFÍA

Almaguel, A. (2002). Taxonomía y Diagnóstico Fitosanitario de ácaros de importancia agrícola. Ciudad la Habana, CUBA.

Altieri, MA (1999). Agroecológico. Bases científicas para la agricultura sostenible. Editorial Comunidad Nordana. Archivo. Perú.

Arteaga, L. y Pumalpa, N. (1992). Situación actual del manejo de la cosecha de frutas y hortalizas en el Departamento de Nariño. En: Seminario sobre manejo poscosecha y comercialización de frutas y hortalizas. Pasto, Colombia. pág.1-8.

Araya, CM (2010). Guía para la identificación y manejo integrado de enfermedades del frijol en Centroamérica/ IICA/ Proyecto Red SICTA, COSUDE. Managua. Nicaragua.

Arias, JH; Restrepo, T. y Jaramillo, Carmona, M. (2009). Manual: Buenas Prácticas Agrícolas en la Producción de Frijol.

Artola, EA, (1990). Efecto del espaciamiento entre surcos y control de enfermedades en frijol común (*Phaseolus vulgaris* L.), genotipo Revolución 81 en ciclo de primavera de 1988. Tesis del Ingr. Universidad Nacional Agraria (UNA). Managua, Nicaragua. 1 37p.

Ayala, JL y Mar, R. (2014). Manual fitosanitario para la Agricultura Urbana y preurbana. Boletín de la FAO. Cooperación Sur-Sur. Caracas, Venezuela.p.26.

Baudoin, JP; T. Vander Boght; K. Mwangombe. (2021). Producción de cultivos en África. Editado por Romain H. Raenoekers. DGIC. Brucellas. pág:31 7-334.

Carpeta, U. (2007). Manual de leguminosas nicaragüenses. TomoI. Estelí, Nicaragua. 191p.

Box, JM (2011). Legumbres de grano. Ed. Salvat. Barcelona. 550 p.

Cabrera, C. (2000). Frijol. Puedes vivir en Ecópolis. Fundación AntonioNúñez Jiménez de la Naturaleza y el Hombre, Vol.,5, núm.20,8-11.

Camellón, M. (2012). Incidencia (Polyphagotarsonemuslatus Banks) en cultivares de frijol (*Phaseolus vulgaris*. L) y regulación de sus problemas. Tesis en opción bajo el título de Ingeniero Agropecuario. Universidad de Ciego de Ávila. Cuba.

Cartas de Navidad. EL/Ciudades/Angola. Coordenadas geográficas y zona horaria Ciudades de Angola. 2012. Disponible<http://www.google.com/Cartasnatal.es/ciudades/Angola-p.795. Fecha de consulta 3/3/2023.

Carvalho, A.; Bezerra, A.; Alves, FJ; Fernández, T.; Rodríguez, F.; Freire F. y Queiroz, Ribeiro, V. (2009). Características de las tasas de rendimiento del caupí a diferentes densidades de población. Investigación agropec. Bras, 2009, Brasilia, v.44, n.10, p.1239-1245.

Camagro, (2005). Cámara Agropecuaria y Agroindustrial de el Salvador. Manual para el manejo postcosecha de hortalizas. pág.19. [consultado el 13 de mayo de 2023]. Disponible en la World Wide Web: <https://www.bmi. gob.sv/pls/portal/url/ITEM/1FFDE4C4A5A0D9E8E040558CE3C96 EF2

Centro Internacional de Agricultura Tropical, (CIAT). (2014). Morfología de la planta de frijol común (*Phaseolus vulgaris* L.). Guía de estudio. CIAT, Cali (Colombia), 49.

Centro Internacional de Agricultura Tropical, (CIAT). (2010). Descripciones de años de plagas que atacan al frijol. Guía de estudio. CIAT. Cali, Colombia. 41 págs.

Cossanga, E. (2000). Efectos de algunas alternativas sustentables en el desarrollo y crecimiento de los cultivos. Trabajo de diploma. Universidad Granma, Bayamo.

Da Silva, Carneiro, A. (2011). Características agronómicas y calidad de las semillas de caupí en Vitória da Conquista, BAHIA. Tesis presentada en la Universidad Estatal del Suroeste de Bahía como parte de los requisitos del Programa de Postgrado en Agronomía, área de concentración en Fitotecnia, para la obtención del título de Maestría. Vitória da Conquista Bahía-Brasil. 2011.

Escoto, D. (2014). El cultivo del frijol. Manual técnico para uso de empresas privadas, consultores individuales y productores. Secretaría de agricultura ganadera. Dirección de Ciencia y Tecnología Agropecuaria. Tegucigalpa. Honduras.

Estación Meteorológica de Cunene (EMC) (2017): Información cartográfica sobre temperaturas, humedad relativa y precipitación. Estación Meteorológica de Cunene. Instituto Nacional de Hidrometeorología Geofísica, Ondjiva.

Exania de Rosario, JJ y Zoraida de Socorro, L. (2006). Evaluación preliminar de 36 genotipos de frijol común (*Phaseolus vulgaris* L.) en una temporada posterior en Macico, Somoto. Trabajo de Diplomatura. Managua. Nicaragua, 2006.

Expósito, Y. (2010). Evaluación de cultivares de frijol prieto (*Phaseolus vulgaris* L.), en un suelo Ferralítico Rojo en Ciego de Ávila. Trabajo como Ingeniero Agrónomo optativo. ÚNICO. Cuba.

Fandiño, Y. O. (2009). Estudio y Regionalización de variedades de frijol común INIVIT Punti blanco (*Phaseolus vulgaris* L.), en la Zona Centro Oriental de Cuba. Tesis en Maestría optativa en Ciencias Agrícolas. Universidad de Ciego de Ávila. Facultad de Ciencias Agrarias. Cuba.

FAO. (2011). Producción agrícola, cultivos primarios. Disponible en: <http://faotatz.fao.org/home/index_es.html.locale-es#.

FAO. (2013). Criterios, instrumentos y medios para la agricultura y el desarrollo rural sostenible. Documento principal nº1. Granada.

FAO. (2015). Principales importaciones de frijoles secos en 2015. Dirección de Estadísticas de la FAO.

FAOSTAT, (2010). Máxima importancia de los frijoles secos en 2010. Dirección de Estadísticas de la FAO.

Filho Aires, M. y Carlos, H. (2006). Análisis genético de caracteres relacionados con la arquitectura vegetal en caupí (Vigna unguiculata L. Walp). Teresina Estado de Piauí – Brasil, p 32.

Franco, F.; Pedroso, R.; Noá, A.; Castañeda, I.; Ríos, C.; Arredondo, I. y Chacón. R. (2014). Lista oficial de plantas. Material complementario para la Botánica. Centro de Estudios Jardín Botánico de Villa Clara. UCLV. SantaClara. Villaclara.

Flores, Elisa. (2012). Respuesta del cultivo de tomate (Solanumlycopersicum. L) con el uso de diferentes fuentes de materia orgánica, en condiciones semidesérticas del Gtmo. Trabajo para obtener un Diplomado en Opción al Título de Ingeniero Agrónomo. Cuba

García, F.; Costa, J. y Laborda, R. (2009). Plagas agrícolas. Ácaros de insectos exopterigotos. Universidad Politécnica de Valencia España.

Hernández, R. (2012). Regulación biológica de Empoascakraemeri Ross y Moore, cultivar de frijol Harrisemum (*Phaseolus vulgaris* L.), en el CPA "26 de julio". Tesis presentada como opción a Ingeniero Agrónomo. ÚNICO. Cuba.

Hernández P. y Chailloux S. (2001). Influencia de diferentes fuentes de beneficios orgánicos en el crecimiento y uso de nutrientes en Vignaluteola. Programa. Res. XIII Congreso. Científico. INCA, pág. 67, La Habana.

IMPULSEMILLAS, (2007). Coles híbridas. Es: Catálogo de productos. Línea de semillas y hortalizas. [en línea]. [citado el 20 de mayo de 2006]. Bogotá.

Disponible en la World Wide Web: <http://www.impulsemillas.com/cat_product.asp?id_p=37&id_c=16

Infoagro (2008). Cultivo de hortalizas. Disponible en: http://wwwinfoagro.com/hortaliza/col.htm. Fecha de consulta: 30 de mayo de 2023

Jaramillo, J y Leyva, E. (2002). El cultivo de crucíferas (Repollo - Brócoli - Coliflor). En: Taller de verduras productividad-Mercadeo. Tibaitatá, CORPOICA. págs.14-32. [en línea]. [21 de junio de 2021]. Bogotá. Disponible en la World Wide Web: <http://www.corpoica.org.co/Archivos/Foros/MEMORIAS.pdf.

Jiménez, S. F. (2013). Generación de metodologías de señalización de plagas.p.20-28. En: LL Vázquez; Ingrid Paz (eds.), Memorias del Curso Taller para Agricultores y Extensionistas "Manejo integrado de plagas en la producción agrícola sustentable". INISAV, en La Habana, Cuba.

Lee, B. (2001). Evolución de algunos factores bióticos, abióticos y ecosistemas magros de cultivos asociados de frijol (*Phaseolus vulgaris* L.) en tkkkt (Zea mays). Tesis optativa para el título de Maestría en Agroecología y Agricultura Sostenible. Universidad Agraria de La Habana, en La Habana, Cuba: 67p.

Leving, V. (2004). Acumulación dinámica de sustancias genéricas y variaciones en la calidad de las proteínas en las reservas vegetales de trigo procedentes de plantas semiirradiadas. Biología Agrícola. Revista Universidad y Ciencia. 2004, vol. 20, núm. 39, pág. 52-57.

López, R. (2014). Particularidades biológicas de (Andrectorruficornis Oliver) en un cultivo de frijol (*Phaseolus vulgaris* L.) en un terreno del municipio Victoria de Venezuela. Tesis presentada como opción para Ingeniero Agrónomo. ÚNICA, Cuba.

Manuel, D. (2014). Efecto de la distancia de siembra sobre el rendimiento agrícola del cultivo de pepino (Cucumissativus LV Ashley). Trabajo final de curso presentado para la obtención del título de Ingeniero Agrónomo. Instituto Superior Politécnica do Cunene-Angola, 2014.

Martínez, E.; Barrios, G.; Rovesti, L.; Santos, R. (2007). Manejo integrado de plagas. Manual Práctico, Centro Nacional de Sanidad Vegetal, Instituto de Investigaciones Fitosanitarias, en La Habana, Cuba.

Mendes, RM de S; Távora, FJA F; Pinho, JLN y Pitombeira, JB (2005). Cambios en la relación fuente-sumidero en caupí sometido a diferentes densidades de planta. Revista de Ciencias Agrícolas, v.36, p 82-90.

MINADOR. (2015). Revista de resultados de la campaña agrícola 2014/2015 del Ministerio de Agricultura. Angola.

Ministerio de Agricultura. (2016). Perspectivas del sector agrícola para 2016. Disponible en:http://www.embajadadeangola.com/embajadadeangola-Angola-economia.hTML.Fecha de consulta: 26 de septiembre de 2021.

Ministerio de Agricultura. (2019). Caracterización de la Provincia de Cunene. Informe del Departamento Forestal Provincial de Cunene. Luanda: Ministerio de Agricultura. Angola.

Mora, A. (2013). Origen e importancia del cultivo del frijol común (*Phaseolus vulgaris* L.). Revista Facultad de Agronomía de Maracay, vol. 23, 225-234.

Namwenyo, J. (2017). Inventario de organismos nocivos que afectan la producción de Frijol (*Phaseolus vulgaris* L.) en el municipio de Ombandja. Propuesta de gestión. Trabajo final de curso presentado para la obtención del título de Ingeniero Agrónomo. Escuela Superior Politécnica de Cunene, Ondjiva.

Ndanyengwondunge, CJ (2014). Comportamiento de tres variedades mejoradas de frijol Macunde (Vignaunguiculatawalp Lin) en condiciones de temporal, en la provincia de Cunene. 59 y sigs. Disertación (Grado en Ingeniería Agrícola) – Escola Superior Politécnica do Cunene, Ondjiva.

Ndapandula, Lourenço, M. (2013). Comportamiento de dos cultivares mejorados de frijol Macunde (Vignaunguiculata Lin) en tres periodos de siembra. Trabajo final de curso presentado para la obtención del título de Ingeniero Agrónomo. Universidad Mandume ya Ndemufayo, Escuela Politécnica de Ondjiva Cunene-Angola.

Ngouajio, M.; Wang, G. Y. y Haus Beck, M. K. (2006). Cambios en el rendimiento y el valor económico del pepino encurtido en respuesta a la densidad de siembra. Ciencia de los cultivos. 2006, vol. 1, núm. 46, pág. 1570-1575.

Nonato, BR (2007). Evaluación de genotipos de caupí semiposteado en cultivo de temporal y riego. TERESINA. PI. Mayo de 2007, 37p.

Oliveira, A.; Silva, J.; Oliveira, AN; Silva, D.; Santos, R. y Silva, N. (2010). Producción de pepinillos en función del espaciamiento entre hileras y entre plantas. Horticultura brasileña. 2010, núm. 28, pág. 344-347.

Oporta, Pichardo, E. y Rivas, Cáceres, AM (2006). Efecto de la densidad poblacional y la estación seca sobre el rendimiento y la calidad de la semilla de una población de caupí rojo (Vigna unguiculata L. Walp) en la finca El Plantel. Tesis presentada a opción de ingeniero agrónomo en la Universidad Nacional Agraria. Managua, Nicaragua octubre de 2006, 31 p.

Pacheco, D. (2011). Demanda de tecnología mejorada por parte de Frijol. (Charla presentada en una Conferencia Internacional, Cali, Colombia). Mimeografiado 1 4p.

Palácios, A. y Montenegro, D. (2006). Efecto de tres densidades de secado y tres temporadas de secado sobre el crecimiento y rendimiento del caupí rojo (Vigna unguiculata L. wal). Trabajo de tesis. Ciudad Darío, Matagalpa. Universidad Nacional Agraria (UNA). Managua, Nicaragua. 46p.

Pequeño TC (2018). Evaluación de seis variedades de frijol (*Phaseolus vulgaris*. l) en condiciones climáticas de Ondjiva. Trabajo de fin de curso presentado para la obtención del título de Licenciatura en la carrera de Ingeniería. Instituto Politécnico de Cunene. Departamento de Ingeniería. Universidad Mandume Ndmufayo.

Ramos, J. (2014). Plagas y enfermedades de importancia económica que afectan el cultivo de frijolén en el valle de Chincha. Gobierno Regional del ICA. Dirección Regional Agropecuaria del ICA. Agencia Agraria Chincha. Costa Rica.

Rodríguez, Y. (2006). Evaluación de 15 cultivares de frijol rojo (*Phaseolus vulgaris*, L) en condiciones edafoclimáticas del Municipio de Majibacoa (opción como ingeniero agrónomo). Centro Universitario Las Tunas. Cuba.

Samaneolu, P. (2013). Densidad de siembra en el cultivo de secano de frijol macunde (Vignaunguiculata L. Walp). Trabajo final de curso presentado para la obtención del título de Ingeniero Agrónomo. Universidad de Mandumeya Ndemufayo, Escola Superior Politécnica de Ondjiva Cunene-Angola, 2013.

Sánchez, R. (2010). Comportamiento agroproductivo de 19 variedades de frijol (*Phaseolus vulgaris* L.) en un suelo Ferralítico rojo en Ciego de Ávila. Trabajo como Opción al título de Ingeniero Agrónomo. Universidad "General Máximo Gómez Báez" de Ciego de Ávila. Cuba.

Sandoval, P. (2010). Sanidad fitosanitaria en tres variedades de frijol (*Phaseolus vulgaris* L.) en condiciones favorables y desfavorables de humedad del suelo. Revista Chapingo, Serie Zonas Árida.

Sandoval, P. (2014). Respuesta de variedades de frijol a tratamientos con fertilizantes orgánicos y químicos en el control de las principales enfermedades del frijol en una Región Lagunera. Rev. Mexicana de Fitopatología 12:63-76.

Silva, PSL y oliveira, CN (1993). Rendimientos de frijol verde y maduro de cultivares de caupí (Vigna unguiculata L. Walp). Horticultura Brasileña, v. 11, pág. 133-135.

Ayuda, Q.; Martín, F.; S, David. (2008). Granos. Impreso en las Figuras de Oficinas del Departamento de Publicaciones y Materiales Educativos del Instituto Politécnico Nacional. Trasgueras 27 Centro Histórico, México, DF.318p.

Mota Yumeri. (2012). Respuesta del cultivo de pepino (Cucumis sativa) con el uso de alternativas orgánicas en condiciones intensivas de invernadero. Trabajo de Diplomatura optativo para el título de Ingeniero Agrónomo. Facultad Agroforestal de Montaña. Subsede Costa Rica. Ministerio de Educación Superior. Guantánamo.

Tapia, B. (2014). Frijol Común (*Phaseolus vulgaris* L.). Ministerio de Desarrollo Agropecuario y Reforma Agraria. Nicaragua: 42-55. pag.

Teixeira, Rhode Island; Carneiro, Da Silva, G.; Ribeiro, De Oliveira, JP; Guerra, Da Silva, A. y Pelá, A. (2010). Desempeño agronómico y calidad de la semilla de cultivares de caupí en la región del cerrado. Revista. Ciencias agronómicas, vol.41. norte. .2 Fortaleza.

Tortosa, G., Alburquerque, J., Ait-Baddi, G., Cegarra, J. (2012). La producción de enmiendas y fertilizantes orgánicos comerciales mediante el compostaje de residuos de almazara bifásico ("alperujo") Revista de Producción Más Limpia, 26, 48-55 DOI: 10.1016/j.jclepro.2015.12.008.

Travuco, M.; Zarza, H.; Morel, L. (2016). Evolución de productos químicos y extractos vegetales para el manejo del ácaro blanco (Poliphagtarson emuslatus Bank.) en pimiento (Capsicuman nuum L.). RevistaTecnologíaAgraria.2; 1 (1):1 5-1 9. Nicaragua.

Valdivia, G. (2010). Comportamiento agroproductivo de 19 variedades de frijol rojo (*Phaseolus vulgaris*. L) en un suelo Ferralítico rojo en una provincia de Ciego de Ávila. Trabajo en opción con el título de Ingeniero Agrónomo. Universidad "General Máximo Gómez Báez" de Ciego de Ávila. Cuba.

Vázquez, L. (2008). Manejo Integrado de Plagas. Preguntas y respuestas para extensionistas y agricultores de La Habana. CIDISAV, 560 p.

Vázquez, LL; Murguido, C. y Peña, E. (2011). Control Biológico para la conservación de enemigos naturales en programas de manejo de plagas introducidas. En: Resúmenes IV Seminario Científico de Sanidad Plantal, Taller Plagas Emergentes. Matanzas, Cuba.p. 257.

Yalta, J. (2001). "Efecto del Mulch con la incorporación de pollo en el rendimiento del cultivo de col (brassica oleracea, Var. Capitata alba L.). Tesis para optar al título de Ingeniero Agrónomo

Borrero, Y. (2005). Efecto de diferentes dosis de materia orgánica en el cultivo de tomate (Lycopersicon esculentum M.), variedad HA – 3057, en condiciones de Casa de Cultivo Protegido. 52h. Trabajo de diploma (opcionalmente para el título de Ingeniero Agrónomo). Universidad Granma.

VIII. ANEXOS
Anexo 1. Datos climáticos

MINISTÉRIO DAS TELECOMUNICAÇÕES, TECNOLOGIA DE INFORMAÇÃO E COMUNICAÇÃO SOCIAL
INSTITUTO NACIONAL DE METEOROLOGIA E GEOFISICA
DEPARTAMENTO PROVINCIAL DE METEOROLOGIA DO CUNENE

MAPA DE TEMPERATURAS MÁXIMA E MINIMA, HUMIDADE RELATIVA E PRECIPITAÇÃO REFERENTE AO I TRIMESTRE DE 2023 – DADOS CLIMATICOS

Dias	Tª Máxima °c			Tª Mínima °c			Humidade Relativa %			Precipitação mm		
	Jan	Fev	Marc	Jan	Fev	Marc	Jan	Fev	Marc	Jan	Fev	Marc
01	30,3	29,2	33,1	19,3	20,0	19,7	70	61	51			
02	30,4	30,9	29,8	21,0	21,5	19,1	61	51	66			
03	23,7	30,1	32,8	19,8	21,3	19,8	67	67	44			
04	20,1	32,1	33,0	18,7	20,8	18,0	98	48	20			
05	29,8	31,4	34,0	19,0	22,2	18,4	40	30	22			
06	31,1	30,9	35,9	19,6	20,8	18,8	29	59	21			
07	33,7	26,7	35,9	20,8	20,9	21,4	31	58	35			
08	32,3	28,6	31,0	22,9	21,7	21,5	27	65	50			
09	31,3	31,7	34,7	21,2	19,4	22,6	30	43	30			
10	33,2	33,1	34,4	23,1	18,8	22,4	44	46	40			
11	28,9	33,1	32,0	21,2	20,0	20,8	75	31	78			
12	31,6	33,8	32,8	21,6	20,3	22,6	67	31	68			
13	30,7	35,1	34,8	19,9	21,7	21,0	62	35	40			
14	31,1	35,6	35,0	18,0	23,4	21,2	68	31	39			
15	31,9	35,2	34,3	18,0	21,6	21,1	50	22	33			
16	29,6	33,3	33,4	20,7	18,2	20,2	71	27	47			
17	26,4	32,9	31,7	20,0	16,9	17,7	67	31	40			
18	25,7	31,9	33,5	19,0	13,7	20,0	85	23	50			
19	25,1	33,0	33,3	18,1	15,0	19,4	96	22	46			
20	22,3	33,1	33,9	20,6	15,4	19,3	90	24	49			
21	27,2	34,2	32,6	18,6	14,8	20,2	78	22	55			
22	24,6	35,4	32,4	17,2	17,4	21,3	71	26	47			
23	27,4	34,0	29,8	19,4	21,3	18,8	79	39	72			
24	28,4	32,9	32,0	18,5	20,8	20,5	79	48	53			
25	30,2	34,5	30,8	20,6	20,5	18,5	68	49	46			
26	31,0	34,3	25,6	19,0	20,2	21,2	71	46	84			
27	31,4	32,5	30,6	20,2	21,6	18,3	70	64	55			
28	30,1	27,9	28,4	21,1	19,7	18,6	68	-	77			
29	30,3		31,0	20,1		20,3	59		66			
30	27,8		31,8	17,9		20,6	77		63			
31	27,4			19,6		18,9	76		62			
Total	901,6	906,3	1006,6	548,8	548,8	622,2		1099,0	1565,0			
Média	28.6	30,2	32,5	19,7	19,6	20,1	65	78	51			

56

Dias	Tª Máxima °c			Tª Mínima °c			Humidade Relativa %			Precipitação mm		
	Abril	Maio	Junho	Abril	Maio	Junho	Abril	Maio	Junho	Abril	Maio	Junho
01	31,1	33,0	31,5	20,2	16,7	13,8	61	30	25			
02	32,0	32,5	32,1	19,4	15,1	15,5	59	27	29			
03	32,2	33,0	31,3	20,6	14,4	13,0	50	30	27			
04	31,8	32,5	32,7	20,6	14,4	12,4	55	31	22			
05	31,2	32,3	31,8	18,8	16,5	11,4	43	30	21			
06	32,6	32,6	31,8	17,8	16,5	11,4	54	25	13			
07	33,8	33,1	31,6	18,0	15,2	13,4	45	31	17			
08	33,4	32,8	30,9	19,6	17,8	12,6	39	35	21			
09	32,6	32,8	30,4	20,3	16,3	13,4	42	40	19			
10	33,6	33,5	31,2	21,3	16,3	13,4	46	24	20			
11	33,9	32,8	30,7	19,5	18,3	11,4	34	26	20			
12	33,4	31,7	27,2	19,5	15,1	11,8	40	30	22			
13	34,4	31,8	29,2	18,0	15,9	7,8	39	37	17			
14	33,7	31,7	29,4	19,8	14,2	9,2	35	28	24			
15	33,9	31,5	29,4	18,5	15,0	9,3	37	21	21			
16	33,4	30,2	30,1	16,6	19,9	7,7	33	34	15			
17	32,6	30,3	30,1	17,7	13,4	7,8	37	30	15			
18	32,7	30,5	30,0	16,7	11,2	9,2	45	24	18			
19	33,4	31,0	29,9	18,7	11,3	7,3	46	25	22			
20	31,6	32,3	30,0	20,2	12,3	8,1	45	18	22			
21	20,9	32,4	29,7	17,9	13,3	10,8	75	20	22			
22	29,2	33,1	29,6	18,0	15,6	10,8	72	25	20			
23	32,5	32,4	29,3	19,4	14,5	9,0	45	20	21			
24	32,7	32,4	28,3	20,6	16,4	11,2	46	28	22			
25	32,6	31,1	28,5	20,8	15,2	11,0	56	23	27			
26	33,3	31,7	28,5	19,1	13,4	9,5	48	21	34			
27	33,6		23,0	18,2	15,1	9,4	39	23	52			
28	33,5	31,7	22,4	18,2		3,3	28		32			
29	33,7	31,9	27,1	16,4	15,9	3,6	35	20	21			
30	33,4	29,8	28,2	16,0	12,6	6,8	33	23	27			
31		30,7			11,5			22				
Total	973,6	959,1	885,9	566,4	449,3	305,3	1362	801,0	661,0			
Média	32,4	31,9	29,5	18,9	14,9	10,1	45	27	22			

O Chefe de Departamento
António José Pereira

Anexo 2. Recopilación de información en la minera Cristiano Shafodino

Recopilación de datos de variables.

Printed by Books on Demand GmbH, Norderstedt / Germany